打造富足的簡單生活：
【最高整理法】從包包、衣櫥到辦公桌，
「打理生活」是人生最有效的投資

CONTENTS

PART —

1

存錢高手的
整理祕招

愈會存錢的人,家裡愈是乾淨整齊,沒有任何多餘的東西!
這幾年來,本書的日本編輯部為了製作理財主題的特輯,
數次採訪了許多在職女性的住家,這樣的感受更是深刻。
家中整齊有序,有多少物品一目瞭然,所以不會亂買東西。
花錢之前仔細想想,慎選喜歡的東西,買了之後好好珍惜使用。
接下來,透過具體實例介紹存錢高手的整理訣竅,保證各位受用無窮。

徹底分析，用錢達人的絕招！

存錢高手的「守」富居家整理術

本書做了一項問卷調查，結果指出，存款有一千萬日圓的人，多數都有「定期丟東西」的習慣。而且，這些存錢高手很會整理收納。因此，本書請來多位專家分享其用錢之道，並且針對不擅長整理的人給予建議。

請教了這兩位專家

美觀收納規劃師
草間雅子 小姐

曾任廣宣、社長祕書等職務，03年設立了「felice（http://felice-room.jp/）」，舉辦創造舒適時光的收納課程與講座。著有《草間雅子的美麗收納法》（風日文庫）、《美觀收納計畫》（bestsellers）等。

提供整理物品與理財服務的指導師
平野里佳 小姐

曾任職於會計事務所八年，後來進入貿易公司擔任會計。擁有二級財務規劃師（FP）證照。以「把家營造成飯店空間」為概念，經營小班制的整理收納教室「Ordinata！（http://ameblo.jp/ordinata/）」。五年內指導過整理方法的人數超過500人。

---

1 因為喜好很明確
減少無謂的支出。

既會存錢又會整理東西的人，「對物品有所『堅持』」，草間小姐與平野里佳小姐（整理收納服務的指導師）不約而同都這麼說。衣服、餐具、小物……凡是要放在家中的物品，絕對不會抱著「吃這種就差不多了」的心態購買。「買東西要再三考慮，不能一時興起就買」（平野小姐）「透過整理好好檢視手邊的物品，仔細思考自己為何喜歡這樣的東西，不滿意那樣的東西，鍛鍊堅持力。想要成為擅長整理的存錢高手，充分理解自己的喜好也很重要」（草間小姐）

NG! ✕ 不擅長整理的人請留意！
好好了解自己的喜好

☒ 剪下雜誌上喜歡的圖片收好
☒ 累積了一定的量後，做分類
☒ 喜好立刻一目瞭然！

如果不清楚自己的「堅持」是什麼，請試試以上三點。「翻閱雜誌時，若看到喜歡的物品，把圖片剪下來。收集了一定的量後，應該能從中發現自己的喜好。假如買的東西與那些圖片缺乏一致性，那就表示你可能買了自己不喜歡的東西。」（平野小姐）

「看到家裡都是自己喜歡的東西，心情會很好，買東西時自然會挑選符合喜好的物品，不會亂花錢」（平野小姐）

---

2 已經知道家裡有哪些東西
所以不會重複購買相同的物品。

學會怎麼整理東西後，「就能掌握家中的物品」（草間小姐）。除了書或DVD、餐具、日用品，就連冰箱裡有哪些食材也知道，不會買沒必要的東西。買衣服也不會再買到類似的款式，利用手邊的衣服就能打扮得很漂亮。因此，別讓自己有太多東西，這是重點。「能夠管理的物品數量有限」（草間小姐），了解自己能夠管理多少物品是很重要的第一步。

NG! ✕ 不擅長整理的人請留意！
不知不覺買了好幾個相同的物品

☒ 特定的物品集中收在1個地方
☒ 數一數究竟有幾個，試著算出總金額
☒ 只保留喜歡的東西、需要的東西

「不知道家中物品數量的人，請試試看以上的方法」（草間小姐）。例如，把家裡的筆全部集中起來，數一數到底有幾枝。「假設1枝是100日圓，50枝等於花了5000日圓。如果沒有全部都用，那就是多餘的支出」（草間小姐）。只留下喜歡的筆、有在用的筆，剩下的送給別人或是丟掉。

擅長整理的人做事很有計畫，買東西也會先列出清單。

---

3 清楚自己需要的量是多少
不太會囤積物品。

NG! ✕ 不擅長整理的人請留意！
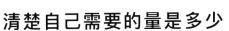
弄清楚自己需要的量是多少

☒ 開始使用的那一天，在月曆上做記號
☒ 用完後，確認大概是用了幾天
☒ 如果超過一個月，不需要預買囤積。若時間不長，可買1個備用

想知道生活用品的必要數量，確認「能用多久」是最好的方法。「一年只買一次的調味料，不需要預買。一個月左右會用完的話，可以買1個備用」。（草間小姐）

「消耗品囤積過多」是造成收納空間不足的原因之一。「我以前協助整理的案主中，有個人在家裡擺了50個鮪魚罐頭」（草間小姐）。「新的東西拿來用後，再買下次要用的份，像這樣建立基準，可以避免買太多」（平野小姐）

證實！存錢高手都「很捨得丟東西」
存款有1000萬日圓的人
必做事項前5名

存款持續累積的人，
原來他們的習慣與整理東西也有關聯！

1	比起「點數」，寧願「打折」
2	有在做理財投資
3	知道將來能拿到多少年金
4	定期丟棄物品
5	有定存

存款有1000萬日圓的人，必做事項的第4名是「定期丟棄物品」。懂得判斷自己需要或不需要的東西是什麼，就能避免無謂的支出。

★問卷調查的概要：日經WOMAN電子報與日經電子版於2015年3～4月收集到1262人的回覆，並且統計了當中285位存款有1000萬日圓以上的人的習慣。

重新檢視屋內的物品就能減少不必要的支出

「平時有在整理家裡的人都會說『變得比較不會花錢了』」，這句話出自美觀收納規劃師草間雅子小姐。她很肯定地說，整理有抑制無謂開支的效果。

重新檢視家中的物品，能夠知道自己買了哪些東西、花了多少錢。例如，把家裡沒在用的東西擺在一起，計算總共花了多少就會明白，「原來我浪費了這麼多錢」。因此，整理家裡是預防無謂開支的好機會。

決定物品的去留時，重點在於「自己的喜好」。「仔細思考你愛用的東西到底是好在哪裡。只留下喜歡的東西、好用的東西」。最後再來重新檢視剩下的東西」。

6
東西減少了空間不大也OK
還能節省房租。

「因為收納空間少，打算搬到大一點的地方住，且慢且慢！」（草間小姐）。只要學會怎麼整理，空間自然會變大。就算房子小，還是會有足夠的收納空間。

擅長整理的人都是「愛家派」，通常也會自己下廚做飯。

NG! ✕ 不擅長整理的人請留意！

狹窄的空間放不了太多東西

- ☒ 1天整理1處即可，徹底實行整理
- ☒ 只留需要的物品，不需要的東西丟掉，或是收進暫時保管袋
- ☒ 過了一段時間，重新檢查保管袋

東西都沒地方放！遇到這種情況，請先分類家中的物品。將小物、T恤、手帕等，依照喜歡／不喜歡、有使用／未使用做區分，不喜歡又沒在使用的東西直接丟掉，不確定是否要丟的話，先收進暫時保管袋（紙袋）。「保管袋上寫下一年後的日期，同時也在手帳裡記下那個日期。一年後記得重新檢查，還是覺得不需要就丟掉」（平野小姐）。

7
不需要的物品拿去回收
賺錢又能減少
垃圾，一舉兩得。

Check

活用以下管道，輕鬆賣掉不需要的物品

- ☒ 手機APP「ercari」
  https://www.mercari.com/jp/
  免付費的二手物品買賣APP。交易款項的支付由網站仲介。
- ☒ 樂天收購服務
  http://buyback.rakuten.co.jp/
  收購服飾、玩具等的二手品，可到府收件。
- ☒ BOOK OFF
  http://www.bookoff.co.jp/sell/
  從書籍到手機、服飾、名牌品等，各式各樣的二手物品皆有收購。
- ☒ H&M舊衣回收活動
  http://www.hm.com/jp/longlivefashion
  也有回收其他品牌的舊衣。★H&M自2013年起推廣舊衣回收活動，全台門市皆設有舊衣回收箱，不限品牌、衣況，織品類皆可回收再利用。舊衣回收可換9折券。不限件數，每袋約1公斤內，一袋可換一張9折券，每人每日限換2張，此活動僅限台灣地區。

買東西總是精挑細選，不需要的東西變少了，垃圾也相對減少。
「我就連平常也沒什麼垃圾要丟。如果真的有不需要的東西，我會轉送給有需要的人，或是拿去回收」（草間小姐）。利用跳蚤市場APP等，將二手物品用手機輕鬆賣。要是覺得丟東西很浪費的話，不妨試試看這個方法。

4
物品有固定的收納位置，
所以不會買多餘的東西。

「擅長整理的人，家裡的東西如書、衣服等，都有固定的收納位置，而且只放能夠收納的量」（草間小姐）。絕對不買多餘的物品，放在固定位置的物品不會超量。「樣品或贈品等，拿了也沒地方放就別拿。東西太多很難整理，保持適量的物品很重要」（平野小姐）。

NG! ✕ 不擅長整理的人請留意！

一不小心，東西就變多了

- ☒ 「掌握「收取方便」的原則，決定物品的收納位置
- ☒ 無法收在固定位置的東西，那就不要買
- ☒ 買1個，丟1個

只要實行以上三點，家中就不會囤積過多物品，看起來俐落寬敞。如果還是無法維持整齊的狀態，很有可能是收納的位置不對。
「以方便拿取為原則，重新思考收納位置」（平野小姐）。每天都會使用的東西，放在方便拿取的位置就不會到處亂放。

5
因為是自己喜歡的東西，
所以會珍惜使用。

NG! ✕ 不擅長整理的人請留意！

動不動就想買新東西

- ☒ 把想要的東西列成清單
- ☒ 仔細尋找真正喜歡的東西
- ☒ 購買前再次想想，真的願意妥協嗎？

擅長整理的存錢高手都很清楚自己的喜好。因為只買喜歡的東西，通常一個東西會用很久。「而且，要是沒有比已經在用的東西來得好就不會花錢買」（平野小姐），因此很少添購新品。

再三考慮後才買的東西會越用越喜歡，也會想辦法用久一點。有些人為了想要的東西，甚至願意等上一年的時間。想變成擅長整理的存錢高手，買東西時切勿輕易妥協。

堅守「物歸原處」的原則。住起來舒服自然會想在家開伙，節省開銷！

向存款200萬～2500萬日圓的4位達人學習

歡迎光臨「守」富好宅

擁有良好的居住品質，還能確實地存下錢，不浪費的收納訣竅、居家擺設的選擇要點，達人們將公開她們的「守」富好宅整理術。

Data

奈良由子小姐
(化名・32歲・金融業・研究員)

月收入：	**40** 萬日圓
年收入：	**650** 萬日圓
每月儲蓄金額：	**7** 萬日圓

存款

1500 萬日圓

奈良小姐的理財經歷

18歲 展開獨居生活
因為上大學，開始在外租屋生活。高中時期把零用錢全部拿去買衣服，離家後，不再亂花錢。

22歲 第一次搬家
以交通方便性為第一優先，搬進了某棟大廈。不過，那兒的廚房很小，每天幾乎都外食。當時的存款約300萬日圓。

32歲 搬到現在的住處
從住了10年的舊家搬到現在的住處。收納空間與廚房比以前大，所以我常在家做飯，減少了外食開銷。存款達到1500萬日圓！

奈良小姐的3分鐘整理術！

出門上班前的3分鐘打掃一下，常保整潔

省錢妙招！

買喜歡的東西，好好珍惜使用！

LIVING

❶開始一個人住時買的床，購自Francfranc。❷沙發也是Francfranc。20多歲時，買床的時候一起買的，已經用了10年以上。❸不放多餘的物品，把喜歡的東西放在顯眼的位置。

小學時代至今的珍藏

IKEA的電視櫃

平價商店的置物籃

剪刀或信封、製作飾品的器具

筆電與眼鏡等物品

DIY明信片或飾品是我的興趣，材料的色紙、道具、文具全部收在平價商店的置物籃。要用的時候，馬上就能拿出來。

電視櫃下的抽屜放男友的睡衣。自己的衣物統一收在別的地方。這麼一來，男友要找衣服也很方便。

不被既念觀念限制的收納方式

電視櫃放衣物

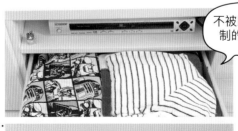

Francfranc的斗櫃。抽屜由上而下依序放著，內衣、襪子、細肩帶等。最上面擺的是自己做的飾品。

採訪、撰文／工藤花衣、若尾禮子　攝影／工藤朋子、SUZUKI ASAKO、上野英和、內藤貞保

即使訂下原則也不要太繁瑣

「決定好物品的固定位置，用完後馬上放回原處」，儘管住的地方空間不大，因為徹底實行這個原則，使得屋內看起來很寬敞。

「文具放在電視櫃的上層，電腦相關的東西放在下層，像這樣依照類別決定物品的固定位置，之後統一收納，不必分得太瑣碎。這麼一來，就算忙也能遵守原則」。

知道家裡有哪些東西，就不會重複購買類似的東西。

「我是買了喜歡的東西就會用很久的人」。

早上先用吸塵器把家裡打掃一遍，稍微清理洗手台，然後出門上班。「每天都這樣做的話，自然不會累積髒污，打掃的時間只要３分鐘就夠了」。

以前經常外食，伙食費的開銷不小，搬到現在的住處後，養成每晚自己做飯的習慣。「也許是住的地方很舒服的關係，與其外出，我比較喜歡待在家裡。省下來的餐費和交際費全都拿去存起來了」。

喜歡的杯子只放會用的量

玻璃杯或馬克杯收在系統餐具櫃。只放會用的量，不多買多放。

餐具櫃

深盤類

鍋子、平底鍋

調味料

盤碟類、鍋具類、調味料收在流理台旁的抽屜。做菜的時候，要用就能隨手取得。

格局

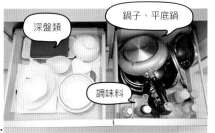

獨居生活、1K（23㎡）‧房租12萬8000日圓

有小小的衣櫃間，整理起來很方便。

東西用完就收好

省錢妙招！

家裡乾淨整齊，做飯也覺得開心

KITCHEN

廚房空間變大，下廚的機會增加了。不要放太多東西，動線流暢，做菜與清理也方便許多。

省錢妙招！

定期檢查，發現不需要的東西拿去回收

CLOSET

活用宜得利的收納盒，依種類決定固定位置的衣櫃。許多衣服都已經穿了10年以上。「換季的時候重新檢視，放不下的衣服就拿去回收」。

決定物品的固定位置

提包

洋裝

下半身單品

外套類

小包

上衣

收納箱購自宜得利

省錢妙招！

備品只準備最少的數量

BATHROOM

與廁所合併的洗手台，洗手乳裝進按壓瓶，牙刷也放在玻璃容器裡，消除生活感。

吹風機也是收在平價商店的置物籃

洗手台下的抽屜裡用平價商店的置物盒分格，飾品或化妝用品等分類收納。這樣放，一打開就能知道哪兒放了什麼，忙碌的早晨不必花時間找東西。

平價商店的置物籃

置物櫃裡放衛生紙與生理用品，控制在最少的數量。

洗手乳裝進容器裡，不要直接開封使用

無收納空間的房子
沒花錢，依然乾淨俐落

努力控制預算打造出個人風格的舒適小窩

任職於房仲公司「L'attrait」的橋本奈央子小姐，當初找到工作後搬到現在住的地方，因為很喜歡內部的裝潢風格，於是租下這間單人房。「可是，這兒沒有衣櫃，完全沒有餐具櫃，沒有收納空間，真是令人傷腦筋」。

她重新檢視手邊的物品，努力尋找能夠收納這些物品的家具。「一有空，我就會用手機瀏覽網路商店。因為搬家的

經費有限，所以我也會用跳蚤市場APP去找1萬日圓左右的家具。

想有足夠的收納量又不希望家裡看起來很擠，最後買了附拉簾的自組式層架衣櫃，寬度可配合放置的空間調整。餐具櫃找不到適合的尺寸，只好用衣櫃用的收納箱代替。每個抽屜先決定好要放什麼，時時提醒自己，用完後要物歸原處。乾淨整齊的家是消除工作疲勞的最佳場所。

Data

橋本
奈央子小姐
(24歲、不動產業務)

月收入：**22** 萬日圓
年收入：**264** 萬日圓
每月儲蓄金額：**3** 萬日圓

存款

200萬日圓

橋本小姐的理財經歷

18歲 展開獨居生活
離家求學，開始一個人住。靠著家中的補貼與打工賺來的錢，學習如何控管開支。喜愛旅遊，以自助旅行的方式節省開銷。家中的物品都是選擇自己喜歡的東西，打造舒適的居家空間。

20歲 留學
赴美留學。當時曾在二手家具店實習，以2000日圓買下的時鐘，目前仍在家中。實習的經驗鍛鍊出花小錢買到好東西的技巧。

23歲 搬家＆就職
趁搬家之際，丟掉不需要的東西，只留下喜歡與有用的東西，家裡變得很乾淨。用手機APP「Dr. Wallet」管理家計。自己做飯節省餐費，每個月固定存3萬日圓。

格局

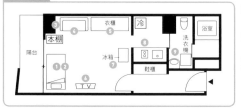

衣櫥　冷
本棚
陽台　冰箱　洗衣機
浴室
鞋櫃
TV

獨居生活、1K
（32.12㎡）·
房租9萬5000日圓

因為公司每個月有提供3萬日圓的住宿津貼，實際自付的房租是6萬5000日圓。

橋本小姐的
3分鐘
整理術！

東西用完後
立刻放回原處

IKEA的紗簾

層架衣櫃購自樂天

棉被

工作服

私服

外套

睡袋

收納箱購自宜得利

行李箱

自右上，以順時針方向依序是上衣、下半身單品、家居服

省錢妙招！
用跳蚤市場APP
也能買到便宜新品

CLOSET

因為租屋處沒有收納空間，在樂天的OUTLET FURNITURE購入自組式衣櫃（1萬3704日圓）。IKEA的紗簾是透過跳蚤市場APP「mercari」便宜買到的新品。「我不喜歡衣櫃附的拉簾，所以換成自己喜歡的款式」。所有的衣服都先決定好位置再收納。

省錢妙招！

半訂製的套裝只花了4萬日圓！

總店在京都的訂製西裝店「ONLY」，品質與價錢令人滿意。半訂製的套裝一套約4萬日圓，我買了3套輪流穿。

**省錢
妙招！**

家飾用品上網購買，
價錢相當划算！
LIVING

我很喜歡這間單人房的清水混凝土
牆面。❶床（1萬6749日圓）是購
自樂天的shop Happystyle，高度
可做三段式調整。❷床底下的空
間用來收納行李箱與換季的服裝。
❸泰國旅遊時買的燈。❹
karimoku的沙發（約5萬7000日
圓），設計簡約又不佔空間。

置物籃購自平價商店

興趣嗜好物品

疊疊樂

藥品

DVD

文具裝進拉鍊袋

LUSH的空盒

零散的小物集中收在
可愛的盒子或置物
籃。

白色的桌椅購自
IKEA，椅子1張3000
日圓，桌子是3990日
圓，加起來快1萬。

一整組1萬日圓

在IKEA買了6999日圓的電視
櫃，用來收納文具與藥品。
「我刻意選不易顯髒的白色」

我喜歡用旅行時帶回來的
紀念品裝飾家裡。沙發
（❹）的抱枕套是去泰
國時買的。

看到在北海道旅遊時買
的貓熊擺飾，心情也跟
著放鬆

用島忠的收納箱
收納餐具與鍋具

鍋子與深盤

（右）菜刀等
（左）碗盤

（右）保鮮膜等
（左）餐具

**省錢
妙招！**

只買放得下的量
BATHROOM

基本上，洗臉台只放需要的東西，所以沒有洗面乳或基礎化妝品等的備
品。因為沒有多餘的收納空間，只能利用置物籃來收納物品。

筷子與常用的碗盤
等收在上層，只有
冬天才會用的鍋子
等放在下層。

平底鍋、陶鍋、
塔吉鍋

放牙刷和棉花棒的杯
子是去西班牙旅遊時
買的紀念品。

沒地方擺的瀝水籃，
用S型掛鉤吊起來。

在方便使用的廚房自己做飯
KITCHEN

我經常下廚。因為廚房沒有餐具櫃，
所以把餐具放在從島忠量販店買來的
收納箱。

置物籃裡放牙刷與護髮
用品，「分類」是收納
的訣竅

置物籃購自平價商店

徹底實行「只買喜歡的東西」

Data

長谷川奈緒小姐
(化名、26歲、公務員、一般事務)

月收入：**16** 萬日圓
年收入：**240** 萬日圓
每月儲蓄金額：**10** 萬日圓

存款

960 萬日圓

長谷川小姐的理財經歷

20歲 就職
剛開始一個人住的時候，買東西和打掃都很不拿手。「那時家裡東西很多，搞得很亂」

24歲 結婚
搬到新家（現在的家）時，發現自己的東西實在太多，所以丟了一些。同時反省以前真是亂花錢。

26歲 徹底實行『不亂買』
只買喜歡的東西，絕對不買不需要的東西。因為不喜歡外食，通常我會下廚做飯，午餐就吃自己做的便當。每個月持續存10萬日圓。

長谷川小姐的3分鐘整理術！

客廳裡不放多餘物品

年僅26歲卻有960萬日圓存款的長谷川奈緒小姐。她的存錢祕訣是「不亂買東西」。

「我的薪水不多，所以只買真正想要的東西。要是隨便買了便宜貨，反而覺得有壓力。因此，我下定決心絕對不亂買東西」。

後來，每次買東西我都會再三思考。衣服要試穿，確定適不適合自己，買了會不會穿，仔細想清楚才買。

而且我發現東西變少後，好處還真不少。可以用那些錢買好的食材或真正想要的東西。東西變少後，打掃起來也輕鬆許多」。

結婚也是一個契機。「出社會工作後，我開始一個人住，當時東西真的很多。搬到新家時，丟了不少。那時候覺得好像是把辛苦賺來的錢扔掉，我深切地反省了自己」。

CLOSET
將購自家居中心的收納盒放在壁櫥裡。仔細分類，決定收納位置。

壁櫥裡放收納盒 **6**

包包或小物

罩衫、裙子

襪子

由上而下，內衣、上衣、冬裝

文件或電池

省錢妙招！
食材擺得一目瞭然 自然減少浪費
FOOD
食材利用每週末買足一星期的量。事先調味，冷凍保存，用完才買。

相當好用的浴帽

SHOES
上健身房運動是自我投資。用浴帽取代鞋袋也是自己出來的點子。

格局

夫妻生活、2DK
（50m²）·
房租5萬3000日圓

家中的主要收納空間只有壁櫥，整體看來簡單俐落。

省錢妙招！
家中只有固定位置放得下的東西
LIVING
四坪的飯廳和廚房裡放的是，❶IKEA的桌子、❷餐具櫃與❸書架。❹電視幾乎沒在看。❺考慮到以後會有小孩，選了大一點的冰箱。這個區塊儘可能不放多餘的東西。

購自樂天的餐具櫃 **2**

這是趁樂天的「居家擺設、生活雜貨大師」特價時買的餐具櫃（約1萬日圓）。盤子與杯子只放需要的量。

3

電腦

手帳

小物

眼鏡等

DVD

書

相簿

書架用來放小物或DVD等物品。決定好放的位置，找東西時很方便。

我很喜歡的WEDGWOOD杯。雖然要1萬800日圓，考慮了1年還是買了

Case4

沒有洗衣機也沒有吸塵器的極簡生活

Data

田村美和 小姐
（化名、43歲、鋼鐵業、會計）

月收入：**24** 萬日圓
年收入：**430** 萬日圓
每月儲蓄金額：**10** 萬日圓

存款
2500 萬日圓

田村小姐的理財經歷

18歲 就職

因為從事會計的父親建議「與其把錢存在銀行，不如拿去投資證券」，所以工作的第一年我就開始投資股票了。20～30歲住在家裡，手頭還算寬裕，每個月把多出來的薪水拿去做投資。

40歲 展開獨居生活

在公司附近租屋，開始一個人住。原本以為自己的東西算少，搬家後才發現東西多到放不下，令我很錯愕。後來，我很努力實行不浪費的簡約生活。投資的話，主要是投資信託。

田村小姐的3分鐘整理術！

用完之前，絕對不買！

田村美知小姐的家沒有電視也沒有洗衣機、吸塵器。讓她過著如此極簡生活的起因是，搬到外面一個人住。

「從老家帶來的東西放不下」，使我重新體認到「自己為該有的東西」是否真的需要。

不看電視，改聽廣播。就算沒有吸塵器，用滾輪黏把一樣可以打掃得很乾淨。反正只有一個人，洗衣服就用手洗。

這樣的生活很自在，薪水也綽綽有餘，我把多餘的錢大部分拿去投資，現在的存款有2500萬日圓。「存下來的錢我打算拿來圓夢，去法國的烹調學校進修」。

田村美知小姐的家沒有電視也沒有洗衣機、吸塵器。讓她過著如此極簡生活的起因是，搬到外面一個人住。

「丟掉也沒差的東西、沒在用的東西擱著很可惜。所以，買東西前我會仔細思考，確實用完很重要」。經常確認是否真的有必要。1年以上沒使用的東西，別想太多直接丟掉。

感覺上好像很省，其實我也會花大錢買有機化妝品，只要有必要的東西，我還是很捨得花。

只要東西少，房租也會變便宜！

省錢妙招！

LIVING

❶家裡只有這個衣櫃（寬50cm）。裡面是放棉被、冬裝外套、包包、季節家電。❷把折疊桌收起來，鋪上墊被就能睡覺。❸用收藏的擦手巾做成的掛軸。❹根據風水學的說法，擺竹子可以招財。❺書本和雜誌仔細閱讀完就處理掉。

穀片裝進玻璃瓶

看得到的地方不放東西

裝進瓶子裡，掌握分量，家裡不放備品

省錢妙招！

FOOD

早餐的穀片裝進玻璃罐。食品的包裝五顏六色，看起來很雜亂，我一定會分裝到其他容器，這樣也能知道剩下的量有多少。

BATH ROOM

浴簾購自IKEA。為了消除生活感，刻意不擺牙刷等物品。

衣服與毛巾類就是置物籃裡的量。多半是棉質等可手洗的材質。

化妝用品用化妝包收納。每個種類（如防曬）只準備1個。就算用了不喜歡，我還是用完才買新的。

在泰國買的佛像。每天早上用鹽和水淨身、祝禱

置物架上方是我家的『神壇』，祀奉著以前在老家一起生活的祖母。

省錢妙招！

沒瓦斯爐

自己做的飯菜最好吃！

KITCHEN

（左）住處沒有瓦斯爐，我都是用桌上型IH爐。（右）因為喜歡做菜，置物櫃裡有小電鍋、魚乾等食材。分瓶裝好後，貼上標籤。

格局

桌子
陽台
鞋櫃　冰箱　儲藏室　櫃子

獨居生活、1K（182㎡）‧房租4萬2000日圓

進入玄關後，右邊是小廚房，左邊是整體浴室。門後是三坪大的房間。比起空間的寬敞度，我選擇離車站近、可以走路通勤的地點。

理財達人親授的21個

「擅長理財的人很會整理」，這是真的喔！

場所別

整潔俐落！

↑ 花輪小姐家

FP 前野彩小姐的

不隨便增加東西的 整理妙方

---

06 不要隨便亂買收納用品

家裡只放擺得下的量

「許多人買收納用品時都會想『有這個就能好好整理家裡了』。不過，能夠做到的人通常是本來就有打掃習慣的人。先處理掉不需要的東西才是首要之務」

---

07 在玄關放垃圾桶廣告傳單隨手丟

不需要的東西不帶進家裡

「拿到信件後，馬上判斷要或不要留。夾在報紙裡的廣告傳單，立刻丟入玄關的垃圾桶。這樣做，不需要的東西就不會被帶進家裡」

---

08 有興趣的雜誌內頁用手機截圖或拍照

「有興趣的內頁剪下來，或是用手機截圖、拍照存檔。然後就可以把雜誌丟掉，只保留需要的資訊」

---

09 不確定該不該丟的文件先收在暫時保管盒

「無法馬上判斷要不要丟的文件或資料，先收進客廳吧台下的盒子裡。等到盒子裝滿了，把有需要的留下，其餘的全部丟掉」

趁著換季時重新檢視

10 鞋子只有鞋櫃放得下的量

鞋櫃

「鞋櫃裡放的是日用鞋、參加婚喪喜慶或搭配和服的木屐。換季的時候檢查鞋子是否有受損，鞋櫃裡只留放得下的量」

---

11 衣服用衣架掛好再收納

衣櫃

「因為不太會摺衣服，又覺得好麻煩，通常我都是用衣架掛起來收納。這麼一來就不必花時間摺，也能一眼看出有哪些衣服，減少買到類似衣物的窘況」

一眼就知道有多少衣服

洗手台下方

01 備品只放1個，用完才買新的。

「我的原則是，1個用完才買1個。用完的時候再買最適合的東西，這才是理想的花錢方式，也不會浪費錢與家裡的空間」

買很多沒用很浪費

玄關 & 客廳

廚房

02 東西只放在方便拿取的地方

「看不到的東西等於『不存在』。為了避免增加不必要的備品，流理台下的收納空間只放打開就會拿來用的東西」

包包裡

03 活用口袋，物品收在固定位置

「我是用口袋多的包包，左側的大口袋放錢包，中間放手帳、書和計算機，右邊放整理儀容的物品，決定好固定位置再放」

想拿什麼，馬上就能拿出來！

錢包裡

04 醫療機關的收據依照醫院名稱收進多層文件夾

報稅時可減稅

「不想讓錢包變得鼓鼓的，不需要的發票馬上丟掉。醫療機關的收據可以報稅，按照醫院名稱分類收進多層文件夾」

---

05 現金依照預算裝在壁掛式收納袋

「每個月初估算1個月的家計費用，再把每週的金額裝進透明的壁掛式收納袋。每週的第一天將當週的錢裝入錢包，提醒自己不能超支，這麼一來，花錢的時候就懂得控制預算」

我也是很不會整理的人，教給大家的都是輕鬆且容易持續進行的方法

請教了這位專家

理財規劃師
前野 彩小姐

利用房貸與保險省下1800萬日圓的理財專家。提供簡單的家計管理，以及讓女性安心的用錢訣竅。著有《給真心想改變家計的你》（日本經濟新聞出版社）。

「其實我很不會整理，就連東西用完後放回原處也很難做到。所以，只好盡量減少東西，省下整理的時間」理財規劃師（FP）前野彩小姐如是說。

前野小姐提出的建議有「備品收在隨手可得的地方」、「玄關放垃圾桶，廣告傳單直接丟掉」等等，相信怕麻煩的人也能輕鬆做到，維持家中的整潔。

「不少人看到特價品像是洗髮精，就會忍不住買一堆，然後擱在家裡忘記要用。喜歡的東西只買現在需要的量並確實用完，這樣才能存到錢」。

東西多，整理起來也麻煩，仔細挑選真正需要的物品

14

整理&收納妙方

理財達人的整理祕技中，應該有不少避免浪費支出的好方法。本書找來2位日本知名的理財規劃師，公開她們在家裡實行的整理&收納規則。重新檢視你的家，就會發現許多聰明用錢的妙點子。

FP 花輪陽子 小姐的 充分活用現有物品的 收納妙方

客廳

17 拿到的信件當場處理

要留的信放進盒子裡

「拿到信後，當場拆封，確認內容。不要的立刻丟，要留的信收在客廳的保管盒裡，等到不需要了丟掉」

18 抽屜內只放同一種類的物品

「『這裡放藥、這裡放文具』，像這樣分類決定物品的收納位置。這麼做，家人要用時也比較好找，力行『東西用完，物歸原處』的整理原則」

洗手台下方

19 試用品收進化妝包旅行時很方便

不用的東西就丟掉

「拿到試用品後，馬上判斷會不會用，用不到就丟掉。化妝水、卸妝用品等旅行或出差時用得到的東西，放入化妝包，要用的時候，隨手一拎很方便」

包包裡

20 外出返家後把東西全部拿出來確認

「一回到家，先把包包裡的東西全部取出、丟掉垃圾，隔天還會用到的東西重新調整放的位置。這麼做可以避免外出時找不到要用的東西，只好補買的情況」

錢包裡

21 集點卡的數量要控制，不需要辦太多張

「我只辦Ponta、樂天POINT等好集點、好使用的『共通集點卡』，我不會辦固定期限或很少去的店家的卡」

廚房

12 調味料只要有醬油、酒之類的基本款即可

充分活用基本調味料

「冰箱裡只有基本的調味料，如醬油、味醂、料理酒、醋等。用途有限的調味料或容易重複購買的淋醬，我都是自己調」

13 冰箱裡的食材放的時候保留間距不要塞滿滿

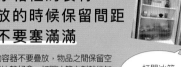

「裝了食材的容器不要疊放，物品之間保留空隙。拿的時候比較好拿，打開冰箱立刻就能知道東西放在哪兒。食材都能用完，不會浪費」

打開冰箱食材一目瞭然

14 冷凍庫的東西立著放打開後馬上知道有什麼

「用夾鍊袋分裝的食材，立著放才不會被擋住。尤其是冷凍食品，不小心就會買太多。只買大概2週會用完的量，收在容易看到的地方很重要」

15 食材買回家後立刻分裝，放進冰箱冷藏&冷凍

3分鐘即完成

「食材買回家後，立即分裝，放進冰箱冷藏或冷凍。麵包以每餐的量裝進夾鍊袋冷凍保存。買完東西稍做處理，這是避免浪費食材的祕訣」

衣櫃

16 不確定該不該丟的東西先放「暫時保管處」

「很少穿的衣服收進大一點的塑膠箱，換季的時候再決定要不要丟。這麼做可以讓空間變得寬敞，常穿的衣服也比較好拿」

衣櫃裡也變整齊了！

東西少的話，搬家的費用也會省下很多！

請教了這位專家

理財規劃師
花輪陽子 小姐

青山學院大學國際政治經濟系畢業。1級FP技能士、認證理財規劃顧問。著有《3 STEP式 存錢家計簿》（JMAM）等書。也曾多次參與電視節目。
http://yokohanawa.com/

東西買回家後稍做處理就能養成存錢的好習慣

從日本搬到新加坡生活的花輪陽子小姐，趁著搬家的機會，重新檢視了自己手邊的物品與整理方法。

「東西一多，丟掉大型垃圾也得花錢。這使我深刻體認到不可以隨便亂買東西」。

現在住的地方只有再三挑選過的物品，我經常提醒自己，買東西或收到別人給的東西後，別忘了「稍做處理」。試買來的食材立刻分裝保存。用品只留常用的東西，像是化妝水等，其他的就丟掉。必要的物品收在方便拿取的地方，充分活用手邊現有的東西。

財庫！

接受本書採訪的在職女性，多數提到「家裡東西很多」的人，存款都不到100萬。
假如你也很不會存錢，快用專家石阪京子小姐的「存錢整理術」好好改造你的家。

失心瘋亂買的衣服，放不進衣帽間

外面也是一團亂

Before

衣帽間裡塞滿了衣服！

收納容量超多的衣帽間竟然放不下，外面的斗櫃和架子也堆滿了衣服。「大部分都是在網路或暢貨中心買的。只要覺得不錯就馬上買了……。」（池下小姐）

明明是一個人住，食材卻多到滿出來的廚房

Before

這兒有！

抽屜裡也有！

流理台下也有！

竟然擺了這麼多

獨居生活的女性廚房卻有大量食材！

廚房流理台上擺了大量的調味料，抽屜、櫃子裡、地板上也放滿調理包或罐頭等食品。除了在上網買的低價商品，「我喜歡逛量販店，因為很便宜，忍不住買了一大堆。」（池下小姐）

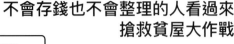

不會存錢也不會整理的人看過來
搶救貧屋大作戰

交給我處理

委託人	池下禮子小姐（化名）37歲、護理師、年收入 **400** 萬日圓
整理顧問	石阪京子小姐

不管是怎樣的家，都能幫你收拾乾淨的整理達人。在日本廣受好評，完成了超過300件的委託。著有《終生不復胖！奇蹟的3天整理術》（講談社）。

「委」託人池下禮子小姐說「我以前最多存到 100 萬日圓」。5年前，她以零頭期款的方式買下現在住的大廈套房（東京郊外、3LDK、3000萬日圓），展開獨居生活。「食品類的東西，趁便宜的時候大量買起來放，在網路上看到不錯的衣服或家電，馬上就買下來，完全沒在存錢」。聽到池下小姐的情況，幫手石阪京子小姐也挑明地說「東西愈多的人愈不會存錢」。東西多到無法整理，類似的東西一買再買，結果東西變得更多，更加難以整理。

「要擺脫這樣的惡性循環，必須改變想法。靜下心好好思考，你想過怎樣的生活，這點很重要。其次是，將收納空間裡的東西全部拿出來。讓自己確實知道究竟有多少量，只留下『喜歡的東西』和『一定會用的東西』，其餘的全部丟掉。只要能夠一眼看出自己手邊有哪些東西，自然不會亂買」。池下小姐用這個方法整理所有的衣物與食材後，試算了丟掉的部分，總金額高達37萬日圓！「存錢的目標夠明確，往後就不會重蹈覆轍」。

石阪小姐式

存錢整理術

1　想像你的理想生活

2　把已經收好的物品全部拿出來，除了「喜歡的東西」「一定會用的東西」，其他都丟掉

3　留下來的東西分類整理、收納

能夠掌握手邊有哪些東西
自然減少不必要的開銷，順利存錢！

整潔的家就是你的

存款100萬日圓以下的人通常家裡的東西很多！

想存錢這樣做！衣物的收納＆買法

- ☑ 衣服掛在衣架上，分色排列，一目瞭然
- ☑ 買衣服一定要試穿，仔細想想是否實穿
- ☑ 決定好內搭與內衣的件數，控制在那個數量

總金額約 32萬日圓

居然有這麼多

放不進衣櫃間的衣服、包包、小物等，幾乎快把3坪大的屋內填滿。「我沒想到有那麼多……」池下小姐也驚呆。

摺好的衣服與小物

春夏裝

秋冬裝

After

喜歡的衣服衣櫥裡變得一目瞭然

只保留「喜歡的衣服」、「會穿的衣服」，其他的全部丟掉。盡可能用衣架掛起來，依照顏色、種類放。雖然相似的衣服很多，這麼做比較方便找衣服。

要丟掉的東西超過了160樣

想存錢這樣做！食材的收納＆買法

- ☑ 食材統一收在1個地方，方便檢視管理
- ☑ 根據現有的食材思考菜色
- ☑ 必須放備品的話，只放1個

After

廚房裡看得到的地方不放任何東西

廚房流理台上擺了很多調味料和茶葉的瓶瓶罐罐，把那些收進原本被食材塞滿的抽屜裡，變得整齊且方便使用。看到的地方不放任何物品，看起來乾淨俐落。廚房旁邊的收納空間（下圖）清空後，將剩下的食材統一收進那兒。

總金額約 5萬日圓

超過保存期限的食材超過200樣

調理包、調味料、茶葉等，所有食材逐一檢查。過期食品居然超過200樣，請全部丟掉！

家裡都是不需要的東西覺得自己真的好浪費錢

「看到家裡有那麼多不喜歡的衣服、過期的食物，這才驚覺自己真的好『浪費』。處理完不需要的東西後，往後買東西我會仔細思考，不會再亂買了！」

1星期就有這樣的改變！

- ・上網時不會再被便宜的商品吸引
- ・取消訂閱看了會想買東西的電子報
- ・不買收納空間放不下的東西

食材約為2個月的分量省下了 6萬日圓 左右！

大部分都丟掉了

After

剩下的食材全部放進1個收納空間

食材全部收在這兒。「這些量只要搭配米或麵類、陽台菜園的蔬菜，往後2個月幾乎不必花錢買食材」（石阪小姐）。

Before

廚房旁邊的收納空間塞滿袋子和文件

廚房旁的收納空間，以前放了大量的購物袋、藥和文件。大部分都丟掉後，需要的移往別的地方。

家中的『漏財』NG場所，全面封鎖！

丟掉多餘物品的規則

不會整理就算了，因為找不到已經有的東西，重複買了相同的物品，買來的食材沒用完就丟掉……。這樣的人，請特別留意家中3個『漏財』的地方！掌握重點，讓你家變成財庫吧！

東西放在什麼地方，先從這一點著手進行

收納指導員須原浩子小姐說「不會整理的人，大致上分為3種類型」，分別是「習慣囤東西」、「捨不得丟東西」、「之後再整理」。

「這3種類型的人因為不太會收納，家裡總是堆了許多東西，有需要的時候又找不到想用的東西，結果只好再買類似的東西……存不了錢，搞得自己壓力大，房子住起來也不舒服」。

須原小姐的建議是，不囤積、不增加、不亂放。「將手邊的東西用完，不要亂買好像很方便的東西或收納用品。用途與使用次數不同的東西不要放在一起，這3點很重要」。

本書根據日本編輯部的問卷調查，針對多數人認為「很難整理」的客廳、洗臉台下方、冰箱，彙整出防止不必要支出的整理方法。今天起開始實行，讓你家變成守住財富的寶庫吧！

你是哪一種類型？

捨不得丟東西

\這樣解決！/
↓
很多東西已經開封使用，東西變多就想買收納用品。拋開那種想法，「先試著把東西用完」。

之後再整理

\這樣解決！/
↓
「準備1個『暫時保管箱』，裝滿了就丟掉。」

習慣囤東西

\這樣解決！/
↓
「使用烤箱托盤或無蓋置物盒，一目瞭然的收納方式」

「漏財」NG場所1
客廳

錢慢慢消失的「特徵」
「隨手就拿」的東西佔領屋內

那裡有什麼，完全想不起來～

隨便買的收納用品、想用的時候找不到的某東西，容易亂花錢的場所正是家裡的客廳。請參考以下的說明，擬定持續整理的計畫。

你的錢就是這樣「漏」光光！

☐ 明明拿到折價券，卻記不起來收到哪兒去了。

☐ 電器用品的備品亂塞，要用的時候，找不到保證書或電線。

☐ 拿了一堆收據或文件資料，屋子亂糟糟。

☐ 有很多收納用品，家裡還是亂成一團。

\這樣解決！/
首先，養成丟東西的習慣

「也許哪天會用到」、「沒有的話很麻煩」，這都是大錯特錯的想法。「基本上，不丟只是給自己添麻煩。除了真正想用的東西，其他的通通丟掉」。

\從這兒開始！/
以相同種類分組收納

將客廳裡的物品分類整理。「未開封的DM或發票統一收在籃子或托盤裡，定期丟棄」。

\然後/
每週1次，重新檢視「不知如何處理的物品」！

「整理的重點是持之以恆。先從你比較在意的地方著手，每週1次重新檢視某個特定場所的收納方式」。

BEFORE

收在電視櫃下各種電器用品的電線

\全部纏在一起很難拿……/
↓
保證書與電線用夾鍊袋保管

AFTER
把電線連同各自的保證書一起裝進夾鍊袋。「這樣做電線就不會纏在一起，也能知道是哪個電器用品的電線。」

\結果最後的……/

BEFORE

隨手塞進檔案盒的文件

\到底裝了什麼也不知道……/
↓
文件資料收進多層次文件夾

AFTER
「契約等必須保留的文件，裝入多層次文件夾收好。這樣可以全部收在一起，找起來也比較好找。」

BEFORE

塞在抽屜裡一直沒用的禮券

\被其他東西蓋住，沒發現……/
↓
折價券用手機或APP記錄提醒

AFTER
「折價券或禮券收起來經常忘了要用。將有效期限輸入手機的行事曆，放在容易看到的地方。」

計畫完成後，你就是整理高手囉！

「漏財」NG場所2
洗手臺下

錢慢慢消失的「特徵」
不知道備品收在哪裡，重複購買相同物品

最難的收納場所正是洗手臺下方。因為可以收納，很想活用那個空間，所以總是塞滿東西。決定該放多少量是整理的重點。

> 明明有買，偏偏找不到～

你的錢就是這樣「漏」光光！

- ☐ 沐浴乳和打掃用的清潔劑全都擺在洗手臺下方。
- ☐ 備品和正在使用的東西放在一起。
- ☐ 沒辦法馬上知道收在裡面的是什麼。
- ☐ 相同的東西有2個以上。

\ 這樣解決！/
使用收納盒，決定總數量！
洗髮精或沐浴乳等身體清潔用品、洗衣精、清潔劑等，分類裝入收納盒。別多放，只留子放得下的數量。

\ 從這兒開始！/
先測量大小，再買收納用品
量完尺寸再買是基本，不過洗手臺下方有水管不好量。「各買1樣，測量剩下的空間，再去找適合的收納盒也是不錯的方法」。

\ 然後 /
分類裝進收納盒！
確定了收納盒的數量後，開始進行分類。「身體用、打掃用、清潔用，至少分成3類即可」。

> 東西很難拿出來……

打掃器具裝在有蓋的盒子裡

為了不讓清除髒污的打掃器具沾上灰塵，最好收在有蓋的盒子裡。「打掃時只要拿出盒子就好，簡單輕鬆」。

備品用抽屜管理

化妝品或隱形眼鏡的備品不是每天都會用的東西，收進抽屜裡。用籃子等分開裝，使用起來更方便。

① ② ⑥ ⑤ ④ ③

請教了這位專家

收納指導員
須原浩子 小姐

1級建築師、室內擺設指導員。整理收納講座的知名講師，經手過許多電視、雜誌的改造企劃。除了在All About網站「收納」單元發表連載文章，著作與監修的書也很多，如《1分鐘開始的整理術》（DAIWA文庫）等。

⑥ 放在地上大NG！
洗手臺下方是容易積水、長灰塵的地方。「放在地上就不會去整理，也不好整理，最好不要這麼做」。

⑤ 清潔劑和沐浴乳用收納盒分開收納

把常用的清潔劑、沐浴乳或洗髮精等，裝在放文件資料用的檔案盒。

④ 配合門的位置擺放收納盒

靠近門的位置總會塞滿東西。即使裡面還有空間，盡可能把收納盒往前挪。

③ 只買收納盒裝得下的量
因為不知道總數，看到便宜就大量購買的備品。「只買收納盒放得下的量也可以避免重複購買」。

\ 最後的結果 …… /
所有的量決定好，減少了浪費！

「漏財」NG場所3
冰箱

錢慢慢消失的「特徵」
不知不覺放到過期的食品一大堆

市面上愈來愈多省空間大容量的冰箱，一不小心就買了大量的食材囤積。
「千萬不要有擺著沒差的心態」（百瀬小姐）。

搞不清楚冰箱裡到底有什麼……

掌握內容物
避免食材的浪費

許多利用週末採購食材的在職女性，冰箱裡常有大量的過期食材，雖然覺得可惜還是得丟。對此，「基本上，就是用簡單的方法管理」，生活專欄作家百瀬IZUMI小姐是這麼說的。如同客廳與洗手臺下方的整理方式，「分類購買食材並收納，只買置物盒放得下的量就好。打掃起來也比較容易」。

這樣解決！
將食材『分類』管理
知道哪裡放了什麼是基本。早餐用、便當用、配飯用的食材，像這樣自行分類、收納。

從這兒開始！
預做早餐組合
通常早餐都是差不多的內容，先從這個著手，輕鬆又簡單。把早餐會用到的食材全部裝在1個托盤。

然後
根據不同用途裝入托盤！
完成1個托盤後，再做下一個。「只放托盤放得下的量，也能避免多買或亂買」。

你的錢就是這樣「漏」光光！
☑家裡的食材多到快要沒地方放。
☑食材有時用不完，放到壞掉。
☑只用過1次的調味料，擺了好幾年。
☑冰箱裡有不知道保存期限的冷凍食品。

很多都只用了一點點……

門的部分擺成1列
冰箱門的部分為了避免前面與後面的東西混在一塊兒，統一擺成1列。軟管包裝的調味料等不易立放的物品，可以放進筆筒裡。

冷凍庫的東西不要平放
保存期限較長的冷凍食品等備品，要放得一目瞭然。別平放，立著放。

這樣放，都不知道放了什麼……

1 理想的量是容量的7成以下
考量到冰箱的冷卻效率，容量的7成以下最理想。不過，「不必馬上清空，慢慢減少即可」。

2 可以立起來的東西就立著放
不確定要放在哪個托盤的食材，只要立著放就不怕找不到。

3 活用托盤，依照用途分開收納
要用的時候，直接拿出托盤即可，減少開關冰箱的次數，節省電費。

冰箱裡簡直快要爆炸……

乾貨放進置物盒保存
經常收在系統櫃的乾貨等食材，同樣裝進置物盒裡，決定總數後，好好管理。

最後的結果……
以用途單位決定出適當的數量，充分用完每項食材。

減少食材浪費的買法&保存方法

即使花心思做好收納管理，買錯數量還是無法減少浪費。因此，百瀨小姐要傳授
幾招適合獨居生活者的買法&保存方法！

3 不適合冷凍的蔬菜雖然有點貴還是少量購買

小黃瓜、萵苣、番茄等水分多的蔬菜不適合冷凍。「雖然有點貴，只買吃得完的量是重點」。

2 基本上蔬菜都是切好後冷凍保存

能夠冷凍保存的蔬菜，切好後裝入夾鍊袋冷凍。「裝的時候盡可能攤平，不需要用太多的時候比較好拿」。

1 決定基本的食材

「決定好基本的食材，就會減少亂買的情況」。百瀨小姐推薦的品項為馬鈴薯、胡蘿蔔、高麗菜、蔥、雞肉、豬五花肉。

如果食材有剩……

↓

每週1次把沒用完的食材切碎用完

百瀨小姐每週會選一天把剩下的食材用食物調理機打碎用完。「打碎的食材可以做炒飯或肉醬、咖哩等，相當好用」。

> 只要好好利用，也可節省做菜時間！

6 善加利用烹調器具

可將蔬菜等食材一次打碎的食物調理機、方便製作三杯醋的量杯等，這些器具能把食材用完，「不用可就虧大了，真的很好用喔」。

> 拿來做淋醬很方便！

5 做菜時可以從現有的食材思考菜色

決定好菜色再準備食材，反而會增加食材的種類。「可以使用以食材思考菜色的APP」。

cookpad有網路版也有手機APP喔！

4 使用好一點的調味料

調味料通常很難全部用完，「減少種類，選擇品質好一點的。增加使用次數就能減少用不完的情況」。

> 即使價錢貴了些，味道完全不一樣！

7 多多活用乾貨或冷凍食品

活用保存期限較長的冷凍食品或乾貨，可避免食材的浪費。「特別是乾貨的營養價值豐富且耐放，推薦大家多使用」。

請教了這位專家

生活專欄作家
百瀨 IZUMI小姐

以生活、居家風格為主題的專欄作家。憑藉自身的育兒經驗，提供即使生活忙碌也能充實過生活的創意。除了應邀採訪、寫書，也活躍於電視、廣播節目。著有《享受季節變化的美好生活》（DAIWA文庫）等書。

獨居的人不適合使用這些調味料

一個人住的話，「只要有醬油、味醂、醋、料理酒、橄欖油就能做出各種調味料。盡量別買特定用途的調味料」。

· 燒肉或壽喜燒用的醬汁 · 鰹魚露 · 酸桔醋
· 巴薩米克醋或葡萄酒醋等不同種類的醋
· 管狀包裝的調味料（黃芥末或山葵等）
· 搭配特定料理（如中菜）的調味料

聰明家計管理術

透過3步驟就能算出合理的治裝費預算，而且不會再亂買不需要的衣服。

STEP 1

決定好1季的置裝費預算

01　確認每個月的家計細目

「支出容易有變動的是伙食費、交際費、治裝費、美容費、自我投資費」（大竹小姐）。這5項的合計最好控制在月收入的4成。

家計支出的基準（獨居生活者的情況）

	佔月收的比例	月收入20萬日圓	月收入25萬日圓	月收入30萬日圓
房租	20～30%	6萬日圓	7萬5000日圓	9萬日圓
電費、瓦斯費	6～10%	1萬5000日圓	1萬5000日圓	2萬日圓
伙食費	10～15%	2萬5000日圓	3萬日圓	3萬日圓
交際費	7～10%	1萬5000日圓	2萬日圓	3萬日圓
治裝費	3～6%	1萬日圓	1萬5000日圓	1萬5000日圓
美容費	3～6%	1萬日圓	1萬日圓	1萬5000日圓
興趣、自我投資費	10%	2萬日圓	2萬5000日圓	3萬日圓
雜費	5～8%	1萬5000日圓	2萬日圓	2萬日圓
儲蓄	15～20%	3萬日圓	4萬日圓	5萬日圓

※本表是參考FP woman的資料製成。月收入是指不含紅利獎金等的實收金額。表中的金額是用基準的%換算而成。

→ 這5個項目的合計控制在 **月收入的40%** 以內！

02　將5個項目排出優先順序，分配預算

把上述5個項目從優先順序高的開始安排預算，合計控制在月收入的4成。「想增加治裝費，就減少美容費或伙食費」（大竹小姐）。

預算分配範例

月收入	20萬日圓
5費的總計預算	8萬日圓
伙食費	2萬日圓
治裝費	2萬日圓
美容費	1萬日圓
交際費	2萬日圓
興趣、自我投資費	1萬日圓

> 如果想要多一點置裝費，減少伙食費等調整比例

03　決定1季的預算

決定好的治裝費乘以6個月就是1季的預算。「假如有多，可以挪到下一季用，建議購買品質好一點的單品。」（林小姐）

如果治裝費是1個月2萬日圓……

2萬日圓×6個月＝12萬日圓，這是1季的預算

設定預算再購買

01　早上穿衣服時，想到「有這個就好了」的單品就記下來

「要是有灰色的開襟外套就好了」、「要是有駝色的長褲就好了」，像這樣，早上穿衣服時也許會發現衣櫃裡少了哪些單品。為了避免忘記，用手機記下來。

02　看雜誌或社群網站、街上女性的打扮，想像自己想要的單品

從街上女性的穿著或雜誌上的穿搭，想像自己想要的衣服。「介紹個人穿搭的APP『WEAE』等也是不錯的參考」（林小姐）。

03　根據單品的種類估計預算

把想要的單品和估算價格做成預算表（請參閱左頁STEP 3）。分成上衣、下半身單品等，分類之後各品項的比例比較平均。

只要3STEP 變成購物高手

變身時尚財女！

家計開銷中佔最多比例的就是治裝費。看到喜歡的衣服想買就買，每個月都超支。

ST 3 EP

記錄買下的衣服，管理預算與品項

事前製作預算表，記錄已經買下的單品與價格。這麼做可提醒自己不要亂買東西，確實做好預算管理。

\ 試做你的預算表！ /

想買的東西		預算	購買的店家	顏色	購買日	購買價格
上衣	襯衫（白色系）	5000	UNIQLO	白	9/12	2490
	罩衫（黑色系）	5000	ZARA	黑	9/26	3590
下半身單品	九分褲	6000				
	寬管褲	6000	無印良品	灰	10/10	4980
	裙子（傘型）	6000	ZARA	駝	9/26	7990
	裙子（合身）	6000				
	計	34000				19050

將買下的衣物用手機拍照存檔。買衣服前，瀏覽照片想像如何穿搭，這麼一來可預防購買不必要的品項。

用手機拍攝製作衣櫥的相簿

請教了這位專家

FP woman
代表董事
**大竹
NORIKO**小姐

曾任編輯，後來以FP的身分獨立創業，05年設立公司。從生活規劃到投資情報，為女性提供多元化的理財資訊。著有《專屬女性～正確理財的7堂課》（寶島社）等

請教了這位專家

衣櫃規劃師
林 智子小姐

隸屬SMART STRAGE！活用在時尚圈累積的經驗，提供個人的衣櫃整理技巧與穿搭服務。著有《每天都開心！穿出時尚感的穿搭LESSON》（WANI BOOKS）。https://ameblo.jp/hayashitomoko/

ST 2 EP

把想要的東西列成清單，

04 想買的衣服，先上網瀏覽

買衣服前先好好做功課。「網路上可以比價，也能讓自己好好思考那是不是實穿的單品」（林小姐）。

POINT
看看穿搭示範，想一想是否實穿著

POINT
同一件單品，比較不同店家的售價

05 到實體店面確認是否實搭再購買

上網查過後，到店家進行試穿。「領口的深度或顏色、尺寸等，試穿2～3件有些許差異的衣服，找出真正適合自己的那件」（林小姐）。

同樣都是灰色針織衫顏色或剪裁還是有些許差異！

積「未來的財富」

快速時尚品牌的便宜衣物或受損的包包……。這些原以為只能丟掉的東西，其實也能賣掉喔！讓網拍達人傳授你「把不要的東西換成錢的訣竅」。

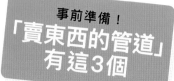

事前準備！「賣東西的管道」有這3個

01 網拍代理

「CERCLE」（http://cercle-auc.com/）是日本的網拍代理網站，「很適合初次嘗試網拍、懶得自己拍照上傳的人」。將不要的物品裝箱寄出，業者就會幫忙上傳至拍賣網站。

02 網拍

透過網路以拍賣方式買賣商品的服務。「買家多，商品的價格就會提高。贈品或受損的物品等『NG』商品也能賣」。這個管道的使用者，男性多於女性。

Yahoo網拍！
http://auctions.yahoo.co.jp/
使用人數是日本最多。每個月的會費是498日圓，商品賣出後，網站會收取8.64%的手續費。「家電用品與家具很好賣」。

Mobaoku
http://www.mbok.jp/
每個月的會費是324日圓，下標不用手續費，很受年輕人歡迎。入會1個月免費的活動很划算。

03 網路二手市場

不同於網拍，可用自己設定的價格進行交易。「女性使用者較多，賣女性用品很方便」。上傳商品的時間是重點，好比通勤族要選在上班族會滑手機上網的通勤時間。童裝的話，要選在平日的下午，主婦比較有空的時間。

mercari
App Store、Google Play皆免費
下載次數已超過2500萬次。在日本最被使用的二手市場APP。1天的出品數量超過10萬筆。

FRIL
App Store、Google Play皆免費
日本第一個開始二手市場服務APP。服飾類是主要交易商品。

衣物 CLOTHES

上傳到最多女性瀏覽的網站賣

POINT 1 標出品牌、店家名
買家會以想要的品牌或店家名稱搜尋商品，若是知名品牌，記得要標出名稱。

POINT 2 明記「婚喪喜慶」等用途
適用於正式場合的商品，在標題註明「適合婚禮」、「適合婚喪喜慶」等，這樣更容易被買家尋到。

POINT 3 因應季節賣合適的商品
「衣物是具有季節感的商品。鎖定換季的時期，推出配合季節的單品。」

『最想賣』的物品之一就是衣物。川崎小姐說「女性用品放到女性使用者較多的網站賣比較容易賣掉」。設定價格時，先搜尋相同單品或品牌的商品，比價後再決定。如果想快點賣掉，價格要設得比行情價低，想賣高一點的話，用和行情價差不多的價格賣。

絕招 坦白告知綻線或髒污等缺陷
耗損嚴重的物品，為避免賣出後產生糾紛，最好附上受損部分的照片坦白告知。當然，賣的價格也得降低。

鞋子、配件 SHOES,ACCESSORIE,ETC.

基本款的高跟鞋可在求職季賣

沒穿過的名牌鞋最好賣，「若是基本款高跟鞋，趁著求職季，在標題註明『適合參加面試』等字眼，通常會吸引社會新鮮人的注意」

絕招 鞋子＆飾品要註明「穿過○次」
明確告知使用程度，買家比較好了解劣化的狀態。「就算是沒穿過的鞋子，也要讓對方看一下試穿後變髒的鞋底。」

包包 BAG

有些人買名牌包是為了它的『皮革』材料

名牌夯款包就算變得破破爛爛，放到網拍還是能賣掉喔！「用皮革改造小物也是時下的一種流行，有些人會為了皮料購買」。

絕招 坦白告知綻線或髒污等缺陷
耗損嚴重的物品，為避免賣出後產生糾紛，最好附上受損部分的照片坦白告知。當然，賣的價格也得降低。

賣掉不需要的東西後，把錢用作『投資資金』

大掃除後，清出了一些不需要的東西。如果可以不用丟掉換成錢該有多好。網拍經歷12年、擔任All About網拍指導的川崎小姐說「上網賣是很好的方法，像是網路二手市場或網拍」。

如果是回收店，只要把東西拿去店裡就能賣掉，只要把東西拿去店裡就能賣掉，雖然很輕鬆，但扣掉店家的利潤，換到的錢也會變少。「不過，網路二手市場或網拍可以直接和買家交易，賣多少就賺多少。上網買東西的人很多，『咦，這個也能賣？』有些以為賣不掉的東西，川崎小姐說「還是會有人想要」。至於怎麼賣，請參考左文的訣竅。

此外，川崎小姐也提議

例如，一件約1000日圓的快速時尚品牌的衣服、已經脫線變得破破爛爛的名牌包、壞掉的數位相機等。這些回收店不收的東西，川崎小姐說「還是會有人想要」。至於怎麼賣，請參考左文的訣竅。

要有效活用賣掉東西換來的錢。「像是買投資信託等，考慮看看把錢拿去投資。投資應該用『盈餘資金』。賣掉不需要的東西換來的錢就是盈餘資金。只要想成那是『為了未來準備的資金』，把東西賣掉就不會覺得可惜，也不會覺得麻煩了」。

請教了這位專家

All About 網拍指導
川崎SACHIE小姐

活躍於電視、雜誌等各大媒體的網拍達人。因為丈夫突然辭職，開始在家中進行網拍，至今已累積12年的網拍經歷。根據自身的經驗傳授實用的網拍方法。

賣掉不需要的東西累

思考『用錢方式』再賣掉比較好

我們也要分享訣竅！

一般民眾的『網拍絕招』

書籍 BOOK

利用AMAZON和NET OFF的收購服務 青木麻理小姐（40歲、教育、補習班講師）

「在AMAZON的『二手書』選項，有可以自己賣『二手書』的AMAZON Marketplace。搜尋後發現能夠賣到高價的書，我才會賣，500日圓以下的書就請可以到府取件的業者收購」。

無法高價賣的書用NET OFF

「想要大量處理沒辦法多賣一點錢的書，用紙箱裝好，請NET OFF到府收件。估價金額之後會自動匯入指定的帳戶。還可以順便賣CD或DVD，真的很方便！」

主要是AMAZON Marketplace

STEP 1 設定拍賣帳號
連結到AMAZON帳號服務頁面，點選「拍賣用帳號」→「個人拍賣用」。

STEP 2 上傳商品資訊
進入AMAZON Marketplace的專用網站，搜尋想賣的書。接著輸入售價與書況等資料。

STEP 3 書賣出後，準備出貨
從網站下載一起打包的「購買明細」及買家的收件住址標籤。仔細包裝後出貨。

絕招 透過T-MALL把賣掉的商品換成紅利點數

「『NET OFF』從T CARD的網站『T-MALL』申請，還能換成紅利點數很划算喔」。

Marketplace，這點請留意！

1本書的運費是257日圓。請先算好書的運費，設定不會吃虧的價格。尤其是大一點的書或比較重的書。

童裝 BABY'S WEAR

購買人氣品牌是訣竅

工藤美由紀小姐（化名、32歲、製造業、事務）

「嬰兒服通常穿沒多久就穿不下了。我都是用『mercari』賣掉。如果是『PETIT BATEAU』之類的人氣品牌，孩子穿起來很可愛，賣的時候也能賣到不錯的價錢。」

我賣過的東西

PETIT BATEAU的毛衣→約1500日圓
包巾→約2000日圓
PETIT BATEAU的大衣→約6000日圓等

瑜珈器材 YOGA WEAR

透過二手市場認識了不少朋友

多田和美小姐（化名、29歲、公務員、企劃）

「我很喜歡做瑜珈，除了在國內，出國旅行時，我也常買瑜珈服或相關用品。我和練瑜珈的朋友每半年會參加一次辦在公園的二手市場。因此結交了不少同好，可說是一石二鳥！」

我賣過的東西

lululemon的褲子→約500日圓
adidas的連帽外套→約1000日圓
瑜珈墊→約200日圓等

廚具、餐具 KITCHEN TOOL & TABLEWARE

人氣鍋類其實可以賣到高價

知名品牌的鑄鐵鍋等，就算用過也不易有明顯損傷的廚具，有時可以賣到原價的一半喔！至於餐具，像是Arabia（芬蘭家居品牌）等受歡迎的品牌，買家相對也較多。放到網路二手市場賣也不錯。

絕招 不會用的贈品，拿到後馬上賣掉

「參加婚禮等活動收到的贈品，若是確定不會使用的餐具類，千萬不要用，連同說明書或外包裝、包材拍下照片，以新品的狀態賣」。

家具、家電 FURNITURE & ELECTRICAL APPLIANCES

比起賣價，「運費由對方負擔」更重要

被歸類成大型垃圾的大型家具與家電用品，找回收業者收還得花錢。「比起賣掉換錢，當成是做回收，由對方負擔運費或只限自取，放到網拍標價1圓出售」。

絕招 比起賣價，「運費由對方負擔」更重要

被歸類成大型垃圾的大型家具與家電用品，找回收業者收還得花錢。「比起賣掉換錢，當成是做回收，由對方負擔運費或只限自取，放到網拍標價1圓出售」。

換取折價券！紅利點數！現金！
人氣店家＆網站的收購服務

除了網拍與二手市場，還有更方便的收購服務。不光是現金，也能換成紅利回饋或折價券等。有些東西可以郵寄，想大量處理物品時很方便。

H&M	樂天收購服務	ZOZOUSED
舊衣裝袋，拿到門市就能換取500日圓的折價券。袋子的大小與衣服的件數沒有限制，H&M以外的品牌也可以。(P7)	樂天市場的店家收購不需要物品的服務。把不要的物品裝箱寄出，由樂天估價後，以紅利回饋的方式支付。	主要是收購名牌二手品。將物品寄給對方估價。可收取現金。若要轉成紅利回饋，估價費得再加10%。

PART 2

—

家中常保乾淨整齊的鐵則

—

復胖——不是只有減重才會出現的現象,「整理」也是如此。

為了打造舒適的居家環境,卯起來打掃清理,結果不到幾星期又恢復原狀。

沒辦法,我就是意志力薄弱、天生散漫邋遢,若這樣想可就大錯特錯!

其實,你只是需要能夠常保乾淨整齊的鐵則。

衣服或包包,買1個就丟1個,書或文件資料,設定「丟的時機」⋯⋯

善加活用收納用品,自然養成隨手清理的好習慣。

打造俐落舒適美宅的
5大鐵則

「就算整理好了，還是無法維持乾淨的狀態」、
「我就是討厭打掃」……
即使是這樣的人，只要累積小小的成功經驗，
學會讓家裡看起來清爽俐落的訣竅，
就能輕鬆保持住家的整潔。快來瞧瞧是怎樣的妙方吧！

近幾年來，人們的整理意識高漲，但也有不少人反應，要維持整潔的家並不容易。根據本書日本編輯部的調查，多達40．2％的受訪者說「就算家裡清乾淨了也只是一時，沒多久就變得亂七八糟」。為大眾提供輕鬆整理法的吉島智美小姐這麼說：「有些人把家裡整理究竟問題出在哪兒？

不必追求一百分的完美
以輕鬆的心態完成整理

鐵則 2

在屋內的各處
擺放抽屜＆置物盒
收東西

使用抽屜或置物盒也是美宅的共通點。除了衣櫃或壁櫥，流理台下方等處的局部收納空間也會放塑膠製的抽屜，仔細管理衣物或食材。此外，用好看的置物盒或籃子收納小物還可當作居家擺飾的重點，真是高招。

還有這一招！
只要善用
置物盒＆抽屜
整理
物品
輕鬆省事♪

鐵則 1

唯獨地板上
不堆放物品

遵守這些鐵則
家中不再亂糟糟！

常保俐落舒適！
美宅的
新鐵則

家裡很亂的人有個特徵，衣服、文件、雜誌等總是隨意堆在地上。住在美宅的人即使桌上偶爾變亂，地上是絕對不放東西的「聖地」。就算要放在地上，也會用盒子或托盤等裝好，放在「固定位置」，這點請學起來。

不同類型   維持住家俐落舒適的方法

TYPE 2   整理好了，乾淨的狀態卻無法持久

▼

建立維持整潔的良好循環！

吃飯、洗澡、換衣前的「事前整理」

人類在進行某件非做不可的事之前，行動力會提升。利用準備做菜的空檔或是放洗澡水的時間，順便整理周邊。換衣服前摺好一件衣服也可以，養成「事前整理」的習慣。

到處亂放的東西統統集中收在某處

生活忙碌，家裡難免會變亂。衣物、文件、書籍等不分種類統一收在某處，自然不會變得凌亂，整理起來也比較簡單。

在廁所、廚房等場所時順便「整理一下」

「站著的時候」也是整理的大好時機。待在廁所時，順便整理書，放洗澡水時，收好買回家的東西，像這樣把握時間順手整理。

每天完成局部的整理享受成就感的喜悅

對整理抱持積極的心態，可以促進維持美宅的意願。每天一次完成局部的整理，久而久之就會變成天天都要刷牙般的自然舉動。

最近用過的東西收在最顯眼的位置

要建立整理的良好循環，收納方法必須下工夫。常用的物品放在明顯的位置方便拿取，不用的物品堆在內部，所以能夠知道有哪些不要的東西。

TYPE 1   就是不擅長整理

▼

找出無法整理的理由

雖然家裡亂七八糟看久成習慣，所以不在意

「看習慣」是左右住家整潔度的重要因素。一直待在凌亂的空間裡，時間久了，不待在那樣的環境反而會不自在。必須讓身體適應整潔的環境。

「討厭整理」的念頭總是不經意竄出

不會整理的人討厭這樣的自己，因為討厭而提不起勁，陷入惡性循環。所以要先消除對整理這件事的負面情緒。

找不到要用的物品東西不斷增加

不擅長整理的人最常有的舉動是將物品「塞到滿」。這麼一來，東西很難拿出來，最後又去買了新的。學習方便拿取的收納方法很重要。

討厭整理＆不擅長整理
的問題輕鬆克服！

乾淨後，因為很忙等因素中斷了整理。於是，家裡變得愈來愈亂，覺得整理好麻煩，因而陷入惡性循環。

通常完美主義的人都會想徹底保持整潔，一旦遭受挫折就會變得無法整理。

另外，整理收納心理諮詢師勝間MANAMI小姐也提到「害怕環境的變化，無法著手整理的人也很多」。「人們有害怕變化的傾向，習慣凌亂的狀態後，『待在乾淨的地方反而會感到不自在』。可是，心裡又覺得『不整理不行』，然後變得討厭自己，激發出更多的負面情緒」。

不需要勉強自己，養成輕鬆整理的習慣即可。討厭整理的人，「先從清垃圾開始」、「每天整理1分鐘就好」，像這樣降低難度，慢慢累積成功的經驗。無法維持整潔狀態的人可訂定簡單的規則，例如「待在廁所時，順手整理一下」、「把一團亂的東西集中收在某處」等，這麼一來就算家裡有點亂，馬上就能恢復原狀，這點很重要。

本書從受訪者的訪談中彙整出5大鐵則，今天起開始實行，把你的家改造成「時常保俐落舒適的美宅」吧！

鐵則 5

珍惜使用打掃器具

住在美宅的人擅長整理也很會打掃。「用專用器具打掃廚浴」、「地板用抹布濕擦再乾擦」，像這樣各有各的打掃方法與愛用的打掃器具。覺得該打掃時就打掃，整潔的家令人感到舒服的念頭，衍生出維持住家「乾淨俐落」的良好循環。

還有這一招！
以愛用的道具讓廚浴或地板經常保持潔亮

鐵則 4

很喜歡的東西就算有很多也沒問題！

雖說「減少物品的數量」是整理的基本概念，住在美宅的人未必東西少。「我有70雙鞋子」、「為了放書做了書架」，其實他們都有許多喜歡的東西。因此，必須減少其他東西的數量，有效地收納物品，進而提升了自己的居家品味。

還有這一招！
在走廊設置書架，增加書的收納量

鐵則 3

暫時擱置的物品也有專屬的空間

脫下來的衣服或信件等，家中到處可見隨手擱置的物品，這是髒亂屋的特徵。脫下來的衣服掛起來，或是放進專用的籃子、信件也收在專用的盒子，略花心思就能避免家裡一團亂。刻意將廚房流理台等不整理不行的場所當作暫時保管物品的地方也是不錯的方法。

還有這一招！
衣服脫下來掛在門上的掛鉤不佔空間

請教了這兩位專家

整理收納心理諮詢師
勝間MANAMI小姐
著重於討厭整理的原因，在部落格提供「任何人都做得到的整理方法」獲得好評，同時也在網路上開辦個人講座。《改變「無法整理」、「無法丟棄」的個性》（PHP研究所）。https://ameblo.jp/manami-fuu/

居家整理師
吉島智美小姐
2級建築師。2014年以整理專家的身分展開活動。以美國專業整理師的概念為主軸，提出建立整理架構的想法。近期著作為《生活中只有珍愛的物品》（青春出版社）。http://tongari.spitz-members.com/

訣竅大公開！

本書採訪了5位工作或感情上頗有收穫的女性。儘管生活忙碌，她們還是能把家整理乾淨，究竟有何訣竅？快跟著學起來！

.CASE.
1

因為一個人生活，動手整理房子讓我減輕壓力工作機會也變多了！

佐佐木奈緒小姐（化名、30歲、服務業、Web製作）

原本待在人事異動機會少的一般事務部門，1年前調到網路相關部門，負責公司的網站製作。

月收入	約 **20** 萬日圓	年收入	約 **350** 萬日圓
存款	約 **100** 萬日圓	房租	**6.7** 萬日圓

決定好物品的固定位置　住處常保整潔狀態

佐佐木奈緒小姐說「我老家的房間其實很髒亂」。開始一個人住之後，決定好改變自己。盡可能減少東西，過著簡單的生活。

東西一定放在固定的位置，這是佐佐木小姐的整理訣竅。容易變亂的小物用可愛的籃子或盒子裝起來，收進抽屜等處。假如變多放不下就丟掉。「因為亂放而找不到的家居服，脫下來後放在鐵絲網桶，回到家馬上就能換，看起來也整齊多了」。

在平價商店買了放小物的置物盒、掛披巾的伸縮棒等，花心思想辦法，避免家裡變亂。

因為東西都有整理好，打掃起來很輕鬆。平常只要想到，就會順手清理廚房周圍，以免累積髒污。佐佐木小姐說「我家沒有吸塵器」，所以地板是利用每週六日的空閒時間。先用棕櫚掃把掃一掃，再拿舊布當抹布擦一擦。

以前住在老家的髒亂房間時，一天到晚在找東西，搞得自己又氣又煩、壓力很大。自從住處常保整潔後，佐佐木小姐覺得運氣似乎也變好了。「我從原先的一般事務部調到想去的部門，公司對我的評價也變好了。擔任管理職專員讓我學到管理技術，好事接二連三地發生」。

RULE2　經常使用的物品擺在容易拿的位置

衣服、包包

- 很少用的包包
- 每天用的包包
- 掛披巾的大創伸縮棒與S型掛鉤
- 由右而左：外套→褲子→上衣
- 常用的飾品
- 褲子、內衣類

統一用衣架掛好

MAWA衣架

下半身單品也是用MAWA衣架

衣架

輕巧不佔空間的簡單衣架提升收納力。

不常用的包包放在不易拿取的衣櫃上方。「常用的包包、內衣或衣服、飾品等放在方便拿取的位置」。

無印的收納盒

腰帶、手帕

腰帶和手帕收在宜得利的布製置物盒。

RULE1　小小巧思方便省事

烹調器具

烤麵包網

平底鍋等常用的烹調器具，用S型掛鉤掛在抽油煙機周圍。要用時馬上就能拿到很方便。早餐的麵包用烤麵包網放在瓦斯爐上烤，1~2分鐘便烤好，快速省時

飾品

每個飾品裝在100日圓的夾鍊袋。找的時候很方便又不會纏在一起，立刻就能戴。

格局

衣櫃　浴室　冰箱　洗衣機　鞋櫃　陽台　TV　書架

獨居生活、1K（23㎡）

放在換衣服的地方

家居服

早上起床後，脫下來的家居服固定放在鏡子旁的樂天「Sunday mama」鐵絲網桶。

8點半　上班
衣櫃裡掛著近期常穿的衣服。配件也是擺在固定位置，不必花時間找。過季衣物收在床下。

早餐要用的器具也是放在方便拿取的位置，很快就能完成。

6點半
在衣櫃旁換衣服，家居服固定放在穿衣鏡旁的籃子裡。

住處乾淨的人的日常作息

乾淨的家讓你好運連連
超實用整理

書架
宜得利
7610 日圓

鏡子
無印良品
「松木穿衣鏡」
6900 日圓

RULE3 　選購家具時，活用「樂天」網站！

電視櫃
Cineraria
2 萬 4650 日圓

桌子
J.PULSE
1 萬日圓

窗簾
KEYUCA
2 萬日圓

床
無印良品
3 萬 2000 日圓

地毯
Ajee
1 萬 6200 日圓

家具是在樂天等網站購買。我經常瀏覽「沒啥東西的部落格」。「格主本身相當精挑細選，買東西時可當作參考」。

RULE6　小東西收在籃子或盒子裡

精油、信、書

最愛的香氛精油收在平價商店Seria的置物籃。

把無印良品的置物籃當成暫時保管盒，用來放摺疊傘和信件。

一個人的生活過得很充實！

在乾淨舒適的家悠閒地編織，度過放鬆的時光。

電視櫃下方收納書與DVD，指甲油裝在平價木盒裡。

RULE5　一打開就知道裡面有什麼

食材

調味料或密封容器等小物裝進有把手的平價置物盒。因為有把手，放在高處也好拿。

裝備用菜的密封容器，貼上紙膠帶標示內容物。廚房裡備用紙膠帶和筆，要用的時候就能用。

RULE4　養成物品放在固定場所的習慣

包包裡

回家後把包包裡的東西全部移到托特包。隔天只要把托特包內的東西放進通勤包就不會有忘記帶的東西很方便！

每樣東西都有固定位置！

飾品

當天戴的飾品和手錶放在無印良品的木製托盤。

 24點 就寢

 22點 睡前我會做做編織或做指彩，讓自己好好放鬆。

 21點 基本上晚餐都是自己做。裝備用菜的保鮮盒上有貼紙標示內容物，馬上就能知道裡面是什麼。做完菜後快速清理油污。

20點 回家。包包的內容物與當天戴的手錶、飾品放在固定位置。脫下來的衣服用衣架掛在衣櫃門上的掛鉤，換上放在籃子裡的家居服。

. CASE .
2

買1個丟1個，家裡東西少，住起來很舒服

美澄知里 小姐（化名、29歲、醫療法人、企劃）

任職於北青山的D診所，已婚。學生時期曾是指導整理的家庭教師。

月收入 **30** 萬日圓　年收入 **430** 萬日圓　存款 **80** 萬日圓

房租 **0** 日圓（＊住在父母買的公寓，獨居生活）

很會整理的優點 讓我步上紅毯

「我覺得整理東西能讓心態變得積極，有振奮精神的效果」

其實已婚的美澄小姐，步上紅毯的關鍵正是這個乾淨的家。據說她男友看到她家後，心中認定「就是這個人了！」。「男友也是一個人住，我先配合動線改變家具的位置，決定好物品的收納場所後開始整理。大概花了1小時，把他家弄得乾淨整齊，男友覺得很神奇」。

美澄知里小姐說「要是看到家裡東西太多，我會靜不下心」。家中的裝飾品只有擺在斗櫃上的飾品。「決定好放的位置，放不下的就丟掉。年底大掃除時，我會把抽屜裡的東西全部拿出來，丟掉不要的」。因為東西不多，早上不必煩惱今天要穿什麼。收納空間多，塞到東西放不下，反而會覺得很煩躁。

RULE 1　屋內的顏色控制在3色以內

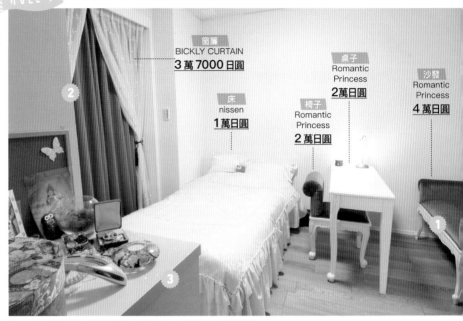

窗簾 BICKLY CURTAIN 3 萬 7000 日圓
床 nissen 1 萬日圓
桌子 Romantic Princess 2 萬日圓
椅子 Romantic Princess 2 萬日圓
沙發 Romantic Princess 4 萬日圓

顏色太多會顯得混亂，家裡的顏色最多就是3色。早上我一定會整理床鋪。

RULE 2　決定固定位置

沙發是放包包的固定位置，回家後都是放在這兒。一眼就知道在哪裡，早上不必花時間找。

格局

鏡子　收納空間　斗櫃

獨居生活、3LDK的1間房（約3.5坪）

住處乾淨的人的日常作息

8:00	起床。因為衣服和包包都收在衣櫃裡，打開衣櫃就能決定今天的穿搭。
9:00	上班。
12:00	午餐。
19:00	回家。沒必要留的信直接丟進垃圾桶，之後要看的信收進斗櫃裡。包包擺在沙發上，脫下來的衣服立刻放回衣櫃。
20:00	晚餐自己做。做完菜後，馬上用廚房紙巾清理。
21:00	洗澡等雜事。
24:00	就寢。

RULE 4　不想被看到的東西就收起來

書

書收進斗櫃

化妝品

書背的顏色很多，排在一起看起來很亂。所以我會收進斗櫃的抽屜或是衣櫃裡。

化妝水或營養補充品同樣收在可愛的盒子裡。

RULE 5　設置暫時保管的場所

常用的飾品擺著做裝飾，看了心情好

信＆飾品

暫時保管

回家後，確定不要的信就丟掉。剩下的先放在斗櫃暫時保管。990日圓的飾品盒購自「salut!」。

RULE 3　衣服掛起來收納

3個1000日圓的置物盒，購自daiei
3COINS的印花圖案置物盒

EURASIA的行李箱

由右而左，洋裝、上衣、下半身單品

襪子或內衣裝在無印良品的收納箱

書 不知道該放在哪裡的東西，先放在紅色的暫時保管盒

包包

衣服＆包包＆書

短袖和長袖的衣服用衣架分類掛好。衣服買1件丟1件，控制在固定的數量。

.CASE.
3
—

「不多留」「不亂買」的生活令人很滿足

石崎杏子 小姐（36歲、商社、祕書廣宣）

在生產電子機器相關產品的公司NTW擔任祕書
廣宣。2年前搬出老家，開始一個人生活。

月收入	約 **30** 萬日圓	年收入	約 **400** 萬日圓
存款	約 **500** 萬日圓	房租	**9.2** 萬日圓

RULE 1 營造飯店般的洗練氛圍

掛鐘
mahna mahna
3000 日圓

床
無印良品
8 萬 7000 日圓

桌子
IKEA
2000 日圓

窗簾
KEYUCA
2 萬日圓

電視櫃
無印良品
3 萬 5000 日圓

飯店般的簡雅空間是我的目標。以深褐色當作基本色，碎花圖案的床套注入女性的柔美感。

養成減少東西的習慣後工作成果也提升了

「不買、不拿」是石崎杏子小姐的原則。走進她的獨居套房，24平方公尺的空間卻相當簡單俐落。

「我的衣服『只有衣櫃放得下的量』，所以買1件就丟1件」。她說就連路上發的面紙也不拿，「因為家裡沒地方放」。

最顯眼的電視櫃上方沒有任何雜物。「這麼做不只是為

了看起來整齊，打掃時也比較方便」。化妝品或內衣等，服裝儀容的相關物品統一收在靠近衣櫃的斗櫃，節省打扮的時間。

家裡的東西變少後，工作效率也變好，加班的次數減少了。「不多留、不亂買的生活，讓我每天都感到很滿足」。

「我的衣服『只有衣櫃放得下的量』」工作表現被肯定、還被加薪升職。

RULE 2 服裝儀容的相關物品統一收在斗櫃，節省打扮時間

隱形眼鏡
護膚用品
彩妝品

化妝品

睫毛夾、剪刀等

化妝品收在IKEA的置物盒。為了避免雜亂，分類決定收放的位置，小物之外的東西立著放。

IKEA的斗櫃，
1萬日圓

飾品

從老家帶來的小抽屜，每一層都有固定放的東西。想戴的飾品馬上就能找到。

襪子

把襪子用IKEA的格板分類。「就算早上再忙也不會拿錯想穿的襪子」。

RULE 3 具有生活感的物品收起來

滾輪黏把

補充包的面紙裝入深褐色的面紙盒，隨意擺在角落（左）。為了方便打掃，滾輪黏把都放在斗櫃下（右）。

面紙

住處乾淨的人的日常作息

6:00	起床、吃早餐、整理儀容。因為衣服都有收好，很快就能著裝完畢。大概花15分鐘打掃家裡。
8:10	出門。
8:45	開始工作。
12:30	午餐。有時會利用午休時間去藥妝店買打掃器具或日用品。
18:30	下班、外食（每星期做飯2次）
21:00	回家、洗澡、看DVD睡前花30分鐘左右整理家裡。
23:00	就寢。

格局

陽台
TV
衣櫃
架子
浴室
冰箱
洗衣機
鞋櫃

獨居生活、1K（24㎡）

RULE 4 電視櫃上不放東西

文件

用平價商店的透明文件袋分類。藍色是裝和錢有關的文件，粉紅色是工作與家方面的文件。

不用的卡或掛號證分別用橡皮筋捆起，裝在GOYARD的化妝包，收進抽屜裡。

集點卡

裝入專用的收納盒，節省空間。「劇情概要我都知道，所以把盒子丟了」。

DVD

丟掉多餘的東西，在熱門區域展開獨居生活

高橋惠梨香小姐（化名、人力仲介、總務）

在工程師派遣公司VSN擔任總務一職。4年前因
為調職移居東京，開始一個人住。

月收入	約 **24** 萬日圓	年收入	約 **300** 萬日圓
存款	每個月 **1~2** 萬日圓	房租	**8.3** 萬日圓

利用收納容量大的電視櫃
收「藏」常用的物品

前些日子，終於如願搬到
東京熱門區域的高橋惠梨香小
姐。原本就愛整理的她，搬家
時又丟了10大袋東西。衣櫃裡
只放精挑細選後的衣服，為了
打開衣櫃就能找到想穿的衣
服，每件單品都有固定放的位
置。

至於讓家裡看起來整潔的
祕訣，竟然是「常用的東西藏
起來」。收納容量大的電視櫃

裡，放著具生活感的化妝品與
本、喜愛的韓國偶像DVD等
物品。因為是擺在隨手可及的
地方，所以能夠徹底做到「物
歸原處」的原則。

另外，高橋小姐也考取了
「個人情報保護士」的證照，
通常得準備2個月，她只花1
個月就辦到了。「多虧整理東
西的習慣，讓我在短時間整理
出自己的弱點，很有效率地準
備考試」。

RULE 1 只把「想讓人看的東西」擺出來

宜得利
2 萬日圓

床&毛毯
宜得利

桌子
宜得利
1 萬日圓

塊毯
Francfranc
5000 日圓

電視櫃
樂天
1 萬日圓

住在老家時
用的靠墊，至
今仍在使用

家中擺設以白色與駝色為基本色調，充分活用現有的家具，大部分購自老家附近的宜得利。

照片&雜貨

散發女孩味的
東西，刻意擺
出來裝飾

和老家朋友的合照放在電視櫃旁。「想讓人看到的東西放
在外面沒關係，其他的就收起來」。

別人送的東西

別人送的身體乳等，只
挑粉紅色系和飾品一
起擺在架子上做裝飾。

RULE 2 缺乏一致感的物品藏起來

我都是在客廳化妝，所以把化妝品
立起來裝進置物籃，收在電視櫃下
方的空間。要用的時候很輕鬆就能
取出。

化妝品

籃子＋籃子的收
納方式，方便拿
取

住處乾淨的人的日常作息

6:00	起床、喝咖啡。化妝，出門前先用滾輪黏把打掃家裡一遍。
9:00	開始工作。
12:00	午餐。
19:00	工作結束、下班。
20:00	去超市，回家。脫下來的外套等衣物放回衣櫃的固定位置。
20:30	邊看DVD邊吃晚餐。
22:00	洗澡。
24:00	就寢。

格局

陽台
架子
浴室

獨居生活、
1K（22.3㎡）

RULE 3 衣櫃裡的東西都有固定位置

毛巾

備用的毛巾捲起來立著
放，不但節省空間也方
便拿取。置物盒購自平
價商店。

衣服

包包

把包包立起來放在無印良品的布
製置物盒。這樣做，衣櫃裡就不
會一團亂。

上衣

內搭衣物

下半身單品

家居服

內衣

毛衣

打掃用品

不常穿的衣服收
進抽屜裡

衣架的部分由右而左依序是，大衣、
洋裝、上衣、裙子……已經決定好放
的位置。想穿什麼立刻就能找到。

. CASE .
5

選擇收納空間多的房子，只放喜歡的家具

RULE 1　桌上不放東西

桌子
corigge-market
7萬5600日圓

白色椅子
Grace Furniture
12萬3000日圓

塊毯
樂天
1萬5000日圓

椅子
Rigna
1萬8360日圓

用喜歡的老舊時尚風格佈置住處。「東西用完就放原處，桌上沒有多餘雜物」

餅原YUKIE小姐（化名、人力仲介、總務）

maNara化妝品網購公司Rankup宣傳部組長。所屬部門曾經創下公司有史以來的最高業績。

年收入　約 **500~600** 萬日圓　　房租 **15** 萬日圓

東西用完不要隨意擱置，固定收在使用的場所旁，能維持家中的整潔」。家具是上網找喜歡的風格，花了一段時間慢慢找才購買。

說自己不太喜歡整理東西的餅原YUKIE小姐，與丈夫住在1LDK的大廈裡。以前住的地方因為收納空間少，許多東西都沒地方放。「決定搬家後，我很注重收納。決定好物品的數量後，如果買了新的，舊的就要丟掉。東西不要隨意擱置，用完就放回原處。分類整理後，拿取收納變得簡單輕鬆。就連不會整理的我也

餅原小姐說因為家裡乾淨俐落，待在家的時間也跟著變多。「即使工作再累，看到家裡很整齊，壓力全沒了。去年9月，我隸屬的宣傳部達到公司史上最高的業績。丟掉東西提升了我的決斷力，對工作也產生幫助」。

格局

陽台　架子　浴室　洗衣機　衣櫃間

夫妻生活、
1LDK（約57㎡）

住處乾淨的人的日常作息

6:00	起床。把彩妝品、飾品等打扮要用的東西放在桌旁的收納空間。要用的時候馬上就能拿，省時方便。
8:15	上班。12點左右吃午餐。
19:00	17點半下班，回家。
20:00	晚餐。廚餘丟入用S型掛鉤掛在流理台的塑膠袋。碗盤洗好後馬上擦乾，收進流理台下餐具架。週末常邀朋友或同事來家裡辦派對。
24:00	就寢。

RULE 4　餐具依用途分開收納

烹調器具　餐具

流理台下方收納常用的餐具。客人用的餐具放在客廳的櫃子。

鑄鐵平底鍋用S型掛鉤掛在牆上展示。

RULE 5　思考動線擺放物品

彩妝品&飾品

省時！

飾品擺在看起來一目瞭然的專用收納盒，購自「cullent」，2916日圓。

化妝用品收進IKEA的置物盒。

「早上我都是坐在桌邊化妝」，在靠近使用場所的收納空間放必要的物品。

指甲油和藥物分別放在平價商店的置物盒。

RULE 2　趁著換季時期　丟掉不要的衣服！

衣服

帽子

由右而左，外套、下半身單品、上衣

決斷力UP！

包包

衣櫃裡的每項單品都有固定位置。在ZOZOTOWN等網站買的衣服，價格很划算。

每季重新檢視手邊的衣物，不穿的衣服丟掉或轉送給同事、後進。養成丟衣服的習慣後，做事也變得果斷。

Fits的衣盒，裡面放針織上衣或內衣類

RULE 3　指定購買防止失敗

鞋子

鞋子買1雙就丟1雙，只留鞋櫃放得下的量。樂天「AmiAmi」的自創品牌高跟鞋1雙約2000日圓卻相當好穿，我買了幾雙不同色的同款鞋。

「離」日記

原本抱著「保留物品＝愛物惜物」的想法，下定決心做改變！以輕鬆的心態實行斷捨離之後，人生也出現了變化的人氣插畫家高木直子小姐。她將自身的經歷透過圖文與各位分享。

插畫家 高木直子小姐

1974年出生於日本三重縣。著有《150cm Life》、《一個人住第5年》（以上皆為大田出版）等書。「一個人住」系列的最新作品《一個人住第幾年？》也已推出中譯本。

丟得乾淨俐落

處理掉不要的東西後 人生的轉機隨之而來

將親身經驗以圖文呈現，引起在職女性強烈共鳴的插畫家高木直子小姐。她的作品當中，又以「一個人住」系列最受歡迎。「24歲來到東京，在這兒生活了18年，一個人住也邁入16年。10年前的住處，不知不覺間衣櫃已經塞爆。空間放不下衣服……我一直想著要整理卻遲遲沒動手，就這樣一天拖過一天。」

好吧，別再拖拖拉拉！某天高木小姐下定決心，準備進行斷捨離。話雖如此，家事中最令她頭痛的就是「打掃」這件事。「一開始就要丟得乾乾淨淨是不可能的事，所以我先處理已經不穿的衣服、在觀光地隨意購買的擺飾等，只丟絕對不用的東西」。東西是變少了，但家裡看起來還是很亂。

處理掉不需要的東西後，感覺變得輕鬆許多，因此決定搬離已經住了10年的住處。然後，我向男友提出一起住的提議……「其實我已經辦好了結婚登記，現在是『兩個人一起住』」。假如東西還是那麼多，「我應該會覺得很麻煩，繼續住在原本的家。丟掉東西為我帶來了人生的轉機」。

「我心想，看樣子還得再丟一些『東西』」。

高木小姐一直自認為保留物品是「愛物惜物」的表現。然而，「當我看到積滿灰塵的東西，這才驚覺那根本不是愛惜物品」。

決定「斷捨離」的理由

這張熨斗桌之前明明是放在這裡的啊～ 現在怎麼放不進去了～ 已經住了將近10年的家，儲藏室也快塞爆了……
硬擠 用力 猛塞

超亂 我可不想變成這樣 東翻 西找

「2年前一起共用工作室的人很愛乾淨，讓我開始反省自己。父母都是不丟東西的個性，結果老家也是塞滿東西，空間變得很狹窄不便……」

老家完全是 負面教材

RULE1 衣服

先放在「躊躇箱」外出時拿出來穿穿看

「完全不穿的衣服馬上丟掉，不確定的衣服放進自製的『躊躇箱』暫時保管」。外出時先從那個箱子找衣服穿，如果穿起來不舒服或不適合，直接丟掉。

天啊～我以前很愛這條裙子經常穿耶，這麼說來已經放了3年沒穿……

這件衣服以前也很常穿，現在仔細看，已經變得鬆垮垮了……

這花色好像太花俏了……

「整理完衣服後，我的想法也有了改變。與其有很多便宜的衣服，不如擁有一件好的衣服，珍惜地穿」。

高木直子的「丟東西」原則

一 先從家電等大型物品開始著手整理

「丟掉不用的電腦或書架等『大型物品』，家裡馬上變得寬敞，令人很有成就感。剛開始進行斷捨離時，我丟掉了舊家電，進而激起整理其他地方的鬥志」。

二 預約好大型垃圾的回收或宅配收件的收購服務

「整理之前，我先預約了大型垃圾的回收，以及把書裝箱請宅配業者收件的收購服務。想到『2天後宅配就要來收件』，裝箱打包的動作就加快許多」。

三 不確定是否要丟的物品放進「躊躇箱」

「市售的整理書多半是教人把不要的東西通通丟掉，但我做不到。於是我做了『躊躇箱』，將不確定要不要丟的東西放在那裡。暫時保管一段時間，等到覺得沒有也沒差的時候再丟掉」。

RULE2 書

已經不看的書趕快處理掉

書是否要留的基準是，還想不想看。「利用宅配取件的收購服務，把不想再看的書脫手」。已經很舊的漫畫，如果還想看，我會留下來。

卯足全力整理書多到滿出來的書架……

這本～還有這～本

「以前認真鑽研畫畫時，買來參考用的畫集與美術展的圖錄。雖然那些很貴卻很佔空間，所以轉賣給美術書籍的二手書店」。

人氣插畫家 高木直子 的 「斷捨

RULE3 家電、家具等

壞掉的家電
請業者全部帶走

「我家裡很多已經不用卻很佔空間的東西，像是壞掉的電腦或周邊器材。剛開始整理時，我預約了回收業者的取件服務，全部都清掉了」。結果，家裡變得清爽俐落！

「床下放著不用的地毯，睡覺時只要想到『下面有地毯』就覺得心煩......。後來我把地毯丟掉，打掃了床底下，感覺家裡的空氣變得清新」。

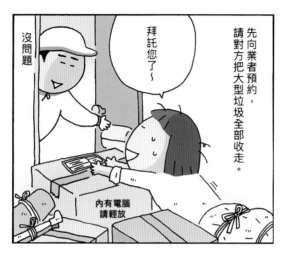

有了如此轉變！

變「輕鬆」後
產生搬家的念頭......
結果「一個人住→兩個人住」！

「一個人住→兩個人住」！

「家裡變整齊後，我開始考慮搬家，然後和男友一起生活，也辦了結婚登記。我們還在摸索如何共用一個空間。因為我的東西比較多，可能要再稍微斷捨離。」

RULE4

廚房用品

趁著斷捨離
汰舊換新

高木小姐很愛留東西。「以前我總認為鍋子之類的東西，就算變髒變舊還是能用......，趁著這次的斷捨離，汰舊換新」。丟掉東西後，自然有了「要珍惜使用好東西」的念頭。

雖然買了新菜刀，我想「在家辦派對的時候或許會用到」，所以一直留著舊菜刀。「結果根本沒辦過派對......（笑）。最後我把舊菜刀丟了！

RULE5

紀念物品

無形的回憶留在心中
告別有形的物品

收到的賀年卡或舊照片等充滿回憶的東西，即使捨不得丟，「只留下重要的東西，其他的全部丟掉」。整理時湧現的回憶就留在心中」。優柔寡斷的心情也要斷捨離！

「現在看以前的信實在覺得很難為情！對方應該也不想被別人看到那些內容，索性全部處理掉」。

分類丟法指南

＼揮別不好丟的物品，讓家裡煥然一新！／

資料、包包、鞋子、化妝品、藥物、書籍……

雖然想減少東西，心裡總有股罪惡感，想丟卻丟不了。
讓專家告訴你，如何坦然丟掉物品的判斷基準，以及丟掉的時機與收納方法。

所有物品共通！丟東西的基本流程

```
從收納場所取出
        ↓
判斷該物品
「是否能提升自己的價值？」
```

降低身價
的物品　　　好看卻無法　　　提高身價
提高身價的物品　　的物品

丟掉	拿去回收	收起來
例 起毛球的毛衣、鍊條變黑的項鍊	例 退流行的名牌包、幾乎沒在用的餐具	例 指引人生方向的書籍、適用於工作場合的西裝外套

降低身價的物品趕緊丟掉

決定好想整理的地方後，先把全部的東西從收納場所拿出來。逐一判斷每個東西「是否能提升自己的價值」。如果是會降低身價的東西就別留，拿去回收。能夠提高身價的物品就好好保管。

請教了這三位專家

收納專家

整理顧問
石阪京子小姐 → p·16

化妝品專家

日本化妝品檢定協會
代表理事
小西SAYAKA小姐

曾經擔任化妝品廠商的研發人員，以科學的觀點對美容、彩妝品進行評價。著有《日本化妝品檢定協會1級考題解析　彩妝品教科書》（主婦之友社）

穿著打扮專家

造型師
植村美智子小姐

過去曾是雜誌、廣告、藝人的造型師，在多個領域表現活躍。2010年設立服裝搭配服務的網站「liltin'」，開始提供個人穿搭建議。近期著作為《衣物的選法》（Mynavi出版）。
http://liltin.com/

整理是「不必花錢學習的技巧磨練」！

想減少家裡的東西，卻又因為「這樣很浪費」、「那些很貴」、「這是別人送的」等理由，遲遲下不了手。對此，整理顧問石阪京子小姐給了這樣的建議──「請試著判斷那些東西能否提高你的價值」。

「像是退流行或是起毛球的衣服，穿上後顯得很寒酸。這些就是『降低身價的物品』，請別猶豫，趕快丟掉」。

反之，穿了會讓心情變好的衣服、讀了會受到感動的書，那就是「提高身價的物品」，請好好珍惜保存。

「生活中被喜歡的東西包圍，每天都覺得很滿足，言行舉止也會充滿自信。不少人更因此變漂亮了呢」石阪小姐如是說。

開始清理東西時，比起顯眼的場所，先從衣櫃或壁櫥等「內部環境」著手會比較順利。

「收在內部的東西，平常多半沒在用，很容易判斷要不要保留。假如找到有價值的東西，請務必拿出來好好使用」。

不過，家裡的收納空間也有限，「要是想多留幾件衣服，就得減少書或雜貨的量」，像這樣將保留的物品排出優先順序也很重要。

仔細思考，對自己而言什麼才是該留的物品，過程中你會發現「自己重視的是什麼」、「想變成怎麼樣的人」。

打扮得光鮮亮麗，工作充滿活力，家裡卻是一團亂……持續那樣的狀態，時間久了難免會心生不安。

「家中常保整潔，那股不安感就會消失，自然產生自信。整理是『不必花錢學習的技巧磨練』。就像考證照那樣，學會如何整理，你也會有大幅的成長」。

採訪、撰文／工藤花衣　攝影／工藤朋子　插畫／別府麻衣　**38**

不再亂七八糟！
『家庭文件分類法』

使用3種
收納用品

家庭文件分類法就是分類、整理家中必要文件的方法。「先決定好放的位置，要用的時候，5秒就能取出」（石阪小姐）。若是在職女性，可試著分類成以下3項。

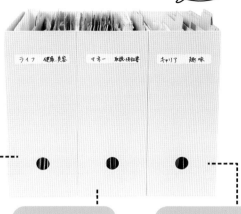

主要是放這些文件

生活&健康、美容

· 賀年卡（前年的賀年卡或訃聞通知等）
· 地區資訊（垃圾回收時間表等）
· 折價券、傳單
· 集點卡
· 健診單&通知
· 掛號證

金錢&使用說明書、保證書

· 薪資明細
· 住宅（租賃契約等）
· 銀行（期滿通知等）
· 投資（商品型錄等）
· 保險（保險證券等）
· 稅金（扣除醫療費用的證明文件等）
· 存摺、金融卡、個人編號卡
· 使用說明書
· 保證書

工作&興趣

· 公司（僱用契約等）
· 轉職（轉職公司的資料等）
· 證照（准考證、合格通知等）
· 才藝
· 興趣
· 食譜
· 旅行（票券等）

家庭文件分類法

① 先用檔案盒大略分類

逐一確認手邊的文件，分為「生活&健康、美容」、「金錢&使用說明書、保證書」、「工作&興趣」3類。在檔案盒上貼標籤標示。

② 接著用索引文件夾細目分類

例如「金錢&使用說明書、保證書」的檔案盒，用文件夾細分為「薪資明細」、「住宅」、「銀行」等項目。如左圖所示，各自貼上索引標籤。

③ 必須保留的文件，經常收在檔案盒&文件夾

一旦決定好放的位置，想用時就能立即取出。利用放新文件的時候，檢視裡面的文件，丟掉不需要的舊文件。檔案盒放在書架或衣櫃裡比較好。

使用了這些東西！

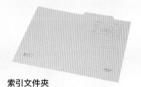

索引文件夾
插入檔案盒，用來細分、管理文件。
索引文件夾（間伐材紙漿）A4、118日圓 / KOKUYO

活頁孔多格收納袋
零散的卡片類，裝進收納袋，夾入文件夾。A4活頁孔名片收納袋（10格）432日圓 / KOKUYO

檔案盒×3個
主要項目用。PP立式檔案盒、A4、白灰、700日圓 / 無印良品

POINT

拿到之後立刻判斷是否需要。留下來的用檔案盒分類

整理文件的重點是「拿到後立刻判斷是否需要」。如果只是『通知』類的明信片，看完當場丟掉。要是覺得不妥，可以用手機拍照存檔。「反之，保險證券或租賃契約等『和錢有關』的文件，在一定期間內必須好好保管」（石阪小姐）。

丟文件的流程

① 拿到文件

② 當場判斷是否需要

不要	需要or保留
丟掉	收進待處理檔案盒

無法馬上判斷的文件先放進待處理盒。定期檢視，重新判斷是否需要。

③ 定期檢視保留盒的內容物

不要	必要
丟掉	用「家庭文件分類法」保存

在辦公室試用看看這個方法！

家庭文件分類法也可用來整理公司的文件。以「時序」或「工作對象」分類，再將內容依重要度仔細分類，就能立刻找到想要的文件。

以時序分類	以工作對象分類
BOX❶ ⇒ 待處理	BOX❶ ⇒ A公司
BOX❷ ⇒ 處理中	BOX❷ ⇒ B公司
BOX❸ ⇒ 已處理	BOX❸ ⇒ C公司

有這幾款鞋子就OK了！

黑色高跟鞋

駝色高跟鞋

俐落簡單帆布鞋

短靴（黑）　　短靴（褐）

植村小姐's advice
近來流行短靴，舊的長靴就算丟掉也沒關係。

收納妙方！

過季的鞋子收進透明的收納盒，擺在鞋櫃的上層或衣櫃裡。「鞋子也要定期更換，放了一季都沒穿就處理掉」（石阪小姐）。女鞋透明收納盒410日圓／宜得利

ITEM NO.

03 鞋子

POINT

鞋跟或鞋底磨損變薄，差不多就該丟了

鞋跟磨損的高跟鞋、鞋底變薄的帆布鞋就丟掉。「鞋跟在上下樓梯、搭手扶梯時經常會被別人看到，平常就要多做保養。如果是皮鞋，顏色易剝落的鞋尖，塗上鞋油，整體的污垢用皮革專用去污擦或去污膏清除」（植村小姐）。

丟的時機

- 鞋跟或鞋底磨損
- 擦過後，髒污還是清不掉

ITEM NO.

02 包包

POINT

合成皮革的包包，使用壽命通常是1年

皮革包愈用愈有味道，但合成皮革的壽命通常只有1年。「邊角剝落就是該丟的徵兆。布製包的手把或底部如果變髒，拿去水洗或請人處理，假如還是清不掉就丟掉」（植村美智子小姐）。乾淨卻沒在用的名牌包可以拿去二手店回收。

丟的時機

- 合成皮革開始剝落
- 清洗或保養後，髒污還是清不掉

有這幾款包包就OK了！

工作用　　　私事用（小）　　　私事用（大）

植村小姐's advice
為了搭配衣服，保留「大／小」、「深色／淺色」、「有圖案／素面」的包款比較好。

收納妙方！

除了每天上班用的包包，其他包包立起來收在布製收納箱，可以防止包身變形。「收納前養成清理的習慣，包包就能用很久」（石阪小姐）。棉麻聚酯收納籃（L）1500日圓／無印良品

收納妙方！

用分格收納盒分類，用完後方便收，也可防止變亂或不見。可堆疊抽屜式壓克力盒（2層）2000日圓、壓克力盒用灰絨內盒（小格）1000日圓、（縱）600日圓／無印良品

應該保留的飾品

18K、白金等貴金屬類

珍珠

寶石

其他飾品，變舊了就處理掉

ITEM NO.

04 飾品

POINT

只保留「能夠當作財產」的飾品

黃金或白金、寶石、珍珠等「能夠做為財產」的飾品留下來，其他做造型的飾品定期處理掉。金屬鍍金剝落變色、退流行的飾品就別留。「設計比較舊卻有價值的飾品，可以拿去改造」（石阪小姐）。

丟的時機

- 鍍金剝落
- 鍊條變黑
- 覺得款式已經退流行

ITEM NO. 06 藥物

POINT

處方藥不像成藥的保存期限長，不適合久放

處方藥不像成藥的保存期限長，不適合久放
市售成藥超過包裝上的有效期限就丟掉。沒放防腐劑的處方藥也無法長期保存，症狀好轉就丟掉。尤其是處方藥的眼藥水或兒童用的糖漿很可能滋生細菌，請勿大量保留不知何時會用的藥，或是自行判斷、使用已經放了一段時間的處方藥。

丟的時機

· 成藥：超過使用期限
· 處方藥：病況痊癒的1個月後

保管上必須特別留意的藥物

藥局調配的藥
粉末狀的感冒藥等，含有多種成分，易受潮不耐放。

眼藥水（成藥）
開封後容易滋生細菌，就算有剩也別留。

兒童用糖漿
分量隨體重改變，糖分、水分含量多，容易發生劣化。

包包裡的常備藥
容易因為氣溫變化而變質，最好經常更換新品。

收納妙方！

成藥
別擺在高溫潮濕的地方。放進收納盒，用隔板分成外用藥、內服藥，要用的時候比較方便拿取。

處方藥
為避免濕氣，放進茶葉或餅乾的空盒裡。連同標示日期及種類的藥袋收好。

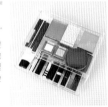

ITEM NO. 05 化妝品

POINT

眼部、唇部的化妝品盡早用完

未開封的化妝品，使用期限通常是製造年份的3年內左右。假如出現分離或變色的情況，即使仍在期限內也要丟掉。已開封的化妝品若是眼部、唇部的品項可能滋生細菌，請在3個月～1年內用完。「此外，有機化妝品比較沒有添加防腐劑，最好盡快用完」（小西SAYAKA小姐）。

丟的時機

· 製造（購入）後的3年內　· 出現分離或變色的情況
· 開封後的3個月～1年內

「開封後立刻使用」的化妝品排行榜

① 睫毛膏·眼線液　② 護膚用品·口紅＆蜜粉·防曬品·粉底　③ 眼線筆·眼影

基準期限 3個月
變舊了會滋生細菌，進入眼睛可能引起發炎。用完後用刷子刷一刷，保持清潔。

基準期限 6個月
直接滲透肌膚的護膚用品或粉底，一旦滋生細菌會讓膚質變得粗糙。變舊的防曬品，效果也會變差。

基準期限 1年
儘管期限較長，因為是用在眼部，建議一年內用完。最好是用拋棄式的影眼棒。

收納妙方！

保管時要留意濕氣、溫度變化，別放在陽光直射的地方。裝在透明抽屜裡，哪裡有什麼，一目瞭然。可堆疊壓克力盒（橫型、3層）2500日圓 / 無印良品

試用品的期限是？
真空包裝的化妝水大概3年。黏在紙上的粉底或唇膏最好半年內用完。

ITEM NO. 08 別人給的東西

POINT

「收到的當下」東西已經屬於你

賀禮或旅行的伴手禮，「是否會用」很重要。會用的東西儘快使用，向對方表達謝意，維持良好的人際關係。反之，若是不會用的餐具等物品，在未使用的狀態下拿去回收。「收下東西時，所有權已經歸你，你可以自行判斷如何處理」（石阪小姐）。

會用的東西 → 儘快使用，告訴對方感想

不會用的東西 → 趁早拿去回收

ITEM NO. 07 書籍

POINT

分類判斷丟的方法 理想的量是「書架的7成」

把書分成小說、實用書、裝飾用的書（攝影集、畫冊等），各自判斷丟的時機。書也可以放在書架之外的地方，例如食譜放廚房、時尚類的書放衣櫃等。「書架保留3成的空間是理想狀態。那些空間可以放從圖書館借的書，也可當做新東西的暫時保管處，避免家裡變得凌亂」（石阪小姐）。

小說、漫畫 → 已經不看的書拿去回收

實用書 → 1種只留1～2本

裝飾用的書 → 不適合家中的氣氛就處理掉

改造計畫

選擇久用也不會膩的生活用品，也是存錢的祕訣。
一起來看看，擁有「存款1500萬日圓」的HAISHIMA KAORI小姐
如何活用無印良品的商品打造舒適的住家。

「存錢」高手HAISHIMA小姐愛用無印良品的理由

因為有適度的高級感點綴對生活感到滿足進而抑制了多餘的物欲

白色的家具不會太亮白感覺很協調看了不會膩

真的很好用！一試成主顧

家裡看起來不會很凌亂思緒變得清晰不再隨便亂買東西

示範屋主是這位
上班族兼插畫家
HAISHIMA KAORI小姐
1979年出生，從事內勤工作的上班族。2006年開始寫的家計部落格大受歡迎。
著有《不當小氣鬼，輕鬆存下1000萬日圓》（寶島社）等。

對家的滿意度提升存錢也變得容易

22歲出社會工作後，一直過著獨居生活，35歲就存到1500萬日圓的OL兼插畫家HAISHIMA KAORI小姐。她家如下圖所示，相當簡單時尚。住在那麼棒的房子還能持續存錢的祕訣是「選擇耐用的物品，維持簡潔俐落」。客廳的主角是中世紀現代風設計復刻版的「karimoku60」沙發，核桃色系為基本色調，臥室統一採用自然色。家中擺設的一致感出自於無印良品的家具與生活用品。

「雖然不全是便宜的東西，顏色、質感都很棒且耐用，感覺買了很划算。在居家擺設上花點錢，提升對家的滿意度後，自然不會想增加東西，減少了不必要的開銷」。有特色卻不誇張的設計、沉穩的白色，「很適合當作突顯特色家具的「配角」。客廳的白色窗簾和沙發等家具搭在一起很協調」。

除了活用各種用品，HAISHIMA小姐絕不衝動購物。「翻閱型錄或上網看到不錯的東西，我會仔細思考是否真的適合家裡，再到店面去看實體，之後才決定要不要買」。

CLOSET

俐落收納衣物的
半透明收納盒
各1800日圓
衣物用的抽屜式收納盒放在衣櫃間。「雖然是半透明仍可隱約看到內容物，給人清爽俐落的感覺」。
「PP衣裝盒（深）」各1800日圓

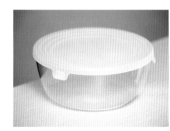

直接端上桌的
玻璃保存容器
用來裝備用菜。「要吃的時候微波加熱，拿掉蓋子就能端上桌享用」。
＊此商品已停產。

LIVING

具設計感的家具
在簡單的白色
窗簾襯托下變得更加顯眼
1萬1800日圓
因為沙發與桌子是選擇具設計感的款式，刻意搭配白色窗簾，突顯家具的存在。
平織棉質百摺窗簾／米白（寬100cm×長220cm）各2900日圓、「抗UV不易透光的防火白摺窗紗／米白（寬100cm×長198cm）各3000日圓

提升用餐氣氛
增加料理質感的木製托盤
2000日圓
「只是放普通的食物就很有咖啡廳感覺」的木製托盤。有了這個，做菜變得有趣，省下外食的開銷。
「木製方形托盤」（寬35cm×深26cm×高2cm）2000日圓、「耐熱玻璃馬克杯」550日圓

我一直很想要這種咖啡廳風格的托盤

「無印良品」美好居家

BED ROOM

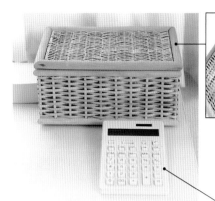

發票隨手一扔
就輕鬆收好
的附蓋置物籃

1070日圓

發票放進有蓋子的籃子，白色的
計算機很有設計感。管理家計的
器具沒有生活凌亂感，簡潔俐
落。

「椰纖編長方形盒」750日圓、「椰
纖編長方形盒蓋」320日圓、「計算
機（大）」2100日圓

記帳時用了
會很開心的白色計算機

2100日圓

看起來舒服的
柔和白色系桌子＆資料櫃

4萬3500日圓

不想讓臥室的桌子產生存在感，選擇灰色
系的白桌。「搭配具設計感的ACTUS童
椅，感覺很協調」。

「美耐材桌板（寬150cm）」1萬4000日
圓、「鋼製桌腳（寬150cm用）」8500日
圓、「鋼製三層資料櫃」2萬1000日圓。

印花圖案被套
搭配
白色箱形床單

4500日圓

「印花圖案的被套成為臥室的重
點。搭配白色床單，感覺很協
調」。

「棉質箱形床單（D）」4500日圓

KITCHEN

不具輕鬆生活感
時尚簡約的
廚房家電

5500日圓

因為「廚房很容易流露出生活
感」，烹調家電統一使用簡約
的白色款。

左邊的「烤箱（1000W）」5500
日圓，右邊的微波爐已停產。

任何縫隙都服貼的
極簡設計垃圾桶

各700日圓

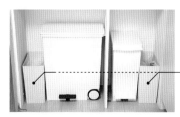

分開使用垃圾桶當中，無蓋的購自無印良品，
很適合放在狹窄的空間使用。

「PP上蓋可選式垃圾桶」各700日圓

讓廚房變得井然有序的
鋼製小物

常用的廚具選擇不鏽鋼製的簡
單設計。只是掛在S型掛鉤
上，看起來井然有序。

「不鏽鋼鍋鏟（附把手）」1800
日圓、「不鏽鋼筷架（小）」950日
圓、「防搖橫型掛鉤（小，3入）」
350日圓、「不鏽鋼絲夾（掛鉤式、
4入）」400日圓

廚房容易流露生活感！乾淨俐落也很重要

1800日圓

950日圓

LAUNDRY SPACE

2900日圓

3支 250日圓

就算擺著也不覺得突兀的
曬衣用品

因為洗過的衣服都是晾在室內，將曬衣架擺在廚房
旁。「顏色是霧面銀，擺在家裡不會很顯眼」。衣
架統一用素雅的白色。

「鋼製水平吊衣架」2900日圓、「PP曬衣架（T恤用、
3支組）」250日圓、「PP衣架（薄、附衣夾）」200日
圓

BATHROOM

脫下來的衣服也能整齊收妥
天然材質的置衣籃

2200日圓

更衣室的置衣籃是製作紮實的椰纖編方形籃。
因為略有高度，不容易看到內容物。

「椰纖編方形籃（特大）」2200日圓

洋溢整潔感的白色浴室椅

1000日圓

為了讓浴室看起來整潔，椅子選用簡單設計的白色
款。

「PP浴室椅」1000日圓

就算再忙，有了無印良品，家中整潔舒適！

因為每天都很忙，回到家只想好好放鬆。這個心願就交給無印良品來幫你實現。
本書採訪了使用無印良品商品的人，為各位示範馬上就能學會的收納技巧。

💡 立起來放

要用時總是找不到的眼鏡或墨鏡，連同盒子立起來放進化妝盒。「這麼做，要用的時候馬上就能用」。

■ PP化妝盒
450日圓

TECHNIQUE 01
組搭各種收納用品
有效活用收納櫃的空間

「既有的收納空間很窄，為了有效活用，使用無印良品的收納用品做整理」。為避免出現空間死角，選擇剛好的尺寸是重點

家電的使用說明書、住處的相關文件等，想保存的文件放進檔案盒。經常使用的文件收在立式檔案盒方便拿取。

■ PP立式檔案盒（A4、寬）
1000日圓

TECHNIQUE 02
斗櫃裡用
抽屜＆化妝盒
整理物品

使用抽屜與化妝盒就不會亂成一團。下層的抽屜是放因應突發狀況的必要物品。輕巧不佔空間的抽屜，用來分類整理物品很方便。

■ PP資料盒（薄型）
900日圓 ❶

■ PP小物收納盒（3層、A4、橫型）
2000日圓 ❷

LIVING

💡 自由組搭

TECHNIQUE 04
擺在電視櫃下方剛剛好的
抽屜拿來放文具用品

💡 這兒也有無印良品！

在放影音器材的地方，用無印良品的商品收納文具。抽屜內用淺底收納盒做區隔，想用哪個文具，隨手就能取出。

■ PP盒（薄型）2個
1200日圓

TECHNIQUE 03
容易散亂的
充電器類
放進化妝盒收好

使用頻繁的充電器等物品，收在立刻就能拿取的電視櫃下方。統一放入化妝盒，看起來乾淨整齊。

■ PP化妝盒（1/2）
350日圓

💡 立即取出

比較重的物品放入布製置物箱，收在收納櫃的最下層。「我習慣買CD，所以數量會增加，我只留箱子放得下的量」。

■ 棉麻聚酯收納箱（長方形、中、附蓋）
1500円

💡 整整齊齊

常用的相機收在置物箱。印出來的照片裝進照片夾、明信片收納夾，擺在相機旁。

■ PP搬運箱
700日圓

請教了這位專家

中辻千穗小姐（35歲、外商、營銷）

在外商公司擔任營銷人員。6年前買下1LDK的大廈套房，過著愜意的獨居生活。

靠無印良品的商品維持「物歸原處」的習慣

經常加班或在假日上班，任職於公司內最忙碌部門的中辻小穗，看到家裡一團亂，「拖著疲憊的身體回到家，根本無法好好放鬆。養成『物歸原處』的習慣，東西盡量不放外面，打造乾淨俐落的居家空間」。

愛用的無印良品收納用品，讓我有效活用屋內既有的收納空間或衣櫃、斗櫃、電視櫃等。配合場所或物品，很好找到適合的用品，這點我很滿意。

「以前住的地方，收納空間很少，所以我去找過無印良品的店員，請他們給我建議，後來對方教我使用自由組合層架做壁面收納。參考店員的建議也是不錯的方法」。

摺疊傘全部放在一起，擺在鞋櫃的上層。立著放馬上就能取出。

立即取出

PP化妝盒
450日圓

井然有序

TECHNIQUE 01
必備的彩妝品刻意「擺在外面」不收起來

化妝時一定會用的必備彩妝品，立著放進化妝盒，擺在洗手台上。「忙碌的早晨馬上就能拿出來用」。

PP化妝盒（1/2、橫型）
200日圓

SHOES CLOSET

TECHNIQUE 04
所有的傘都立著放在鞋櫃上

鞋櫃上層也放了化妝盒。鞋子裝在相同尺寸的盒子，將鞋子的照片貼在盒外，沒打開盒子也能知道內容物。

TECHNIQUE 02
常忘記放在哪兒的常備藥收進急救箱

為了要用時就能立刻使用，常備藥統一收在有蓋的急救箱。藥物容易變得凌亂，先決定好收納場所。

PP搬運箱（急救箱型、小）
1000日圓
＊特定門市商品

BATHROOM

TECHNIQUE 05
一目瞭然的收納
早上出門前
輕鬆整裝

當季常穿的衣服用無印良品的衣架掛好。抽屜裡放毛衣或內搭衣物，上層的軟式收納箱放過季的衣服。

棉麻聚酯收納箱（附蓋衣物箱、小）
2000日圓 ❶

PP抽屜式收納箱
1500～2200日圓 ❷

CLOSET

為了要用的時候方便拿，常用的包包立放在無蓋的軟式收納箱，擺在靠近門口的地上。

棉麻聚酯收納箱（大）
1500日圓

不會倒下

TECHNIQUE 03
在略深的抽屜裡
疊放化妝盒

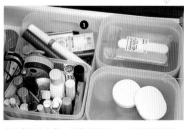

化妝盒加化妝盤，組合不同尺寸，充分活用空間。「可以重疊使用的化妝盒真的很方便！」

重疊使用

不同顏色的腮紅裝在化妝盒，上層的托盤放粉撲。擦腮紅可以改變心情，所以我買了好幾種顏色。

PP化妝盒（1/2）
350日圓 ❶

PP化妝盒（1/2、橫型）
200日圓 ❷

PP化妝盤（小）
120日圓 ❸

<h1>專家親授！</h1>

<h1>利用無印良品的基本款商品，展現充分收納的絕招</h1>

因為每天都很忙，回到家只想好好放鬆。這個心願就交給無印良品來幫你實現。
本書採訪了使用無印良品商品的人，為各位示範馬上就能學會的收納技巧。

KITCHEN

驚人妙招

活用抽屜的深度
將大盤子立起來放

廚房內盡可能不要把東西放在外面。「只是重新檢視收納方式，廚房就變得很好使用」。

深一點的抽屜裡擺3個檔案盒，將大盤子等立起來放。要用的盤子很快就能找到也很好拿。

具生活感的物品收進斗櫃與電視櫃。斗櫃裡用無印良品的商品區分空間，收納得整齊俐落。

方便拿取

LIVING

放進櫃子裡
尺寸剛剛好完全
不浪費任何空間

「尺寸與既有的收納場所或家具吻合，這正是無印良品的厲害之處。絲毫不浪費任何空間」。這兒是放工作相關文件的固定位置。

廚房與客廳都是用
超方便的檔案盒

PP立式
檔案盒系列

600～1000日圓

BATHROOM

把曬衣架立著放
要用的時候很方便

曬衣架立起來放在檔案盒。這麼一來，衣架不會卡在一起很好拿，節省曬衣服的時間。

活用藤編籃，營造出度假飯店的氛圍。「搭配白色的收納箱，感覺很清爽」。

請教了
這位專家

大木聖美 小姐

整理收納顧問。曾任職於IT企業長達10年，擁有豐富的系統工程師（SE）經驗。活躍於雜誌、講座、專欄等多個領域。http://wagamichilife.jp/

任意組合搭配
實用度滿分是魅力所在

整理收納顧問大木聖美小姐說「我每星期一定會逛一次無印良品」，可見她是多忠實的無印迷。走進她的家，從廚房到浴室，隨處可見無印良品的收納用品。

「什麼風格都能搭，每項用品都有多種用途，想怎麼用就怎麼樣，真的很棒」。

好比檔案盒，除了放文件，擺在浴室可以放曬衣用的衣架，擺在廚房可當作抽屜的隔板。「其實我很怕麻煩，所以我常在想，只要把東西收在固定的地方，想用的時候馬上就能拿到。方便拿取的方法是選擇收納用品的訣竅。找到適合的東西真令人開心」。

KITCHEN
不光是化妝用品
放在廚房也超好用

▲ 淺抽屜

▲ 深抽屜

「尺寸豐富的化妝盒擺在抽屜裡，收納物品很好用」。配合抽屜的尺寸或收納的物品，選擇適合的寬度或高度組合。

BATHROOM
瑣碎物品分類後
裝入化妝盒收好

洗手檯通常都是小東西，容易顯得凌亂，護髮品、彩妝用品等，分類收在化妝盒。

尺寸種類豐富的
化妝盒非常實用！

PP
化妝盒系列

120～450日圓

LIVING
收納藥物
相當方便的隔板

在客廳的斗櫃裡放抽屜，收納藥物等零散的小物。抽屜裡再放有隔板的化妝盒，分類整理後，找起來很方便。

💡 有什麼全都清清楚楚

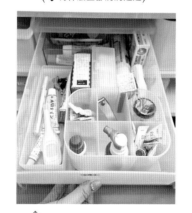

PANTRY
實用性出色的
自由組合層架

💡 多功能！

擺在廚房儲藏室的自由組合層架非常好用。自由組合層架的收納力會因為搭配的收納用品產生差異。

廚房相關的物品或家人的文件等全部收在這裡。「食譜或文件等印刷品，還是用檔案盒最方便」。

PART 3

想穿什麼立刻找到的
衣櫃整理術

明明衣服那麼多，出門前偏偏找不到要穿什麼！
也許你正陷入「衣櫃裡亂七八糟＝不知不覺買了一堆不需要的衣服」
這樣的惡性循環之中。
根據本書編輯部的讀者調查，「最想丟的東西NO.1」正是衣服！
只要學會怎麼丟衣服與衣櫃的收納技巧，
老是手忙腳亂的早晨就會發生驚人的大轉變喔！

有序！衣櫃整理 4STEP

理。透過以下的 4 STEP，讓你的衣櫃只要打開就能找到「想穿的衣服」！

「衣服那麼多卻沒有想穿的……」這種窘況從此不再有！

STEP 2
分類好的衣服再分成「必備」與「預備」，控制數量

分類單品時，分為喜歡且常穿的「必備」服與偶爾穿的「預備」服。假如「必備」服已經很夠穿，可以考慮處理掉預備服。

STEP 1
以單品×顏色掛放、分類衣服

首先，將衣櫃裡的衣服分類，分成夏裝、冬裝、全年可穿的衣服，再依單品類別、顏色分開吊掛。

Point

配合生活或工作的型態設定適當的衣服數量

將衣櫃裡的所有衣服都當做必備衣物，打扮的時候就會充滿自信。參考以下範例，調整各品項的數量。「工作型態不同，適當的數量也會改變，請好好思考你需要的量是多少」。

Point

將「相同品項」、「同色系」的衣服掛在一起

把衣服收在抽屜裡，很容易被蓋住看不到，內搭單品之外的當季衣物，盡可能用衣架掛起來。襯衫、針織衫等依品項分類後，再分成不同的顏色。「雖然類似的衣服很多，這樣放不但一目瞭然，穿搭也變得容易」。

外套類　　橫條紋針織上衣
襯衫　　罩衫
針織衫　　褲子

以秋冬為例，只要準備這些就夠了

襯衫	2〜4 件	裙子	2〜4 條
長袖針織上衣	2〜4 件	褲子	2〜4 條
開襟外套	2〜4 件	丹寧褲	1〜3 條
針織衫	2〜4 件	洋裝	1〜3 件
西裝外套	1〜3 件	大衣&外套	2〜4 件
薄上衣	1〜3 件		

Point

每個抽屜決定好放什麼，貼上標籤標示

不用衣架掛起來的內搭單品或丹寧褲收進抽屜裡。在抽屜外用標籤標示「上衣」、「褲子」等，明確呈現收納場所。「平價商店『Seria』的標籤貼紙（右）很方便」。

衣櫃整理好，穿搭技巧
也會變好喔！

請教了這位專家
衣櫃規劃師
林　智子 小姐
(→p.23)

凌亂擁擠的衣櫃也能變得井然

衣櫃裡塞滿衣服，就是找不到想穿的那一件，這是因為不需要的衣服太多，而且又沒整

STEP 4

衣服不變皺
馬上就能拿出來的收納法

想穿某件衣服時，拿出來卻皺巴巴！偏偏沒時間用熨斗燙平，結果又穿得跟平常一樣……只要改善收納方法，就能避免重蹈覆轍。

STEP 3

衣櫃裡只有「喜歡且常用」的
衣服為理想狀態！

看了不會「想穿」的衣服就丟掉，別再猶豫。不要留「總有一天會穿」的衣服，只留「今天想穿」的衣服，這樣整理衣櫃會更有效率。

Point

用衣架掛起來
避免產生皺摺
立起來收進抽屜裡

為了能馬上取出衣服並穿上，「用衣架掛」、「立起來收在抽屜」是鐵則。多買些薄衣架，盡可能掛在有限的空間，立放在抽屜裡的衣服，請留意摺法。

想要馬上穿的衣服，如何摺疊收納？

❌ **重疊放**

看不到下面的衣服，容易變皺。不適合當季的衣服。

⭕ **立起來**

把衣服摺成可以立放的狀態。這種收納法很適合內搭單品。

Point

「過去1年內都沒穿」
「穿了覺得不好看」
「和想像中的感覺有落差」
「好像有點變舊了」
……那樣的衣服就別留！

「價格昂貴、以前很喜歡……這類的衣服實在很難說丟就丟，但隨著時間流逝，衣服也會變舊變髒。試穿看看，覺得『馬馬虎虎』就別再留，只留下能讓自己看起來美麗、適合現在的年紀或生活的衣服」。

「丟掉」以外還有這些處理方法

捐舊衣換疫苗

變舊的衣服或包包、鞋子等裝箱寄出，那些二手衣物會被開發中國家重新利用，收入轉做孩童的小兒麻痺疫苗。
http://furugidevaccine.etsl.jp/

WE21 JAPAN

由回收品買賣的「WE SHOP」經營，營收主要用來支援亞洲國家。保存狀態好的衣物可捐贈至此。
http://www.we21japan.org/

UNIQLO二手衣回收

UNIQLO針對所有商品推行的回收活動，收集到的回收衣物會送往全世界有需要的地方。只要把衣物拿到UNIQLO和GU的門市就能回收。
http://www.uniqlo.com/jp/sustainability/refugees/recycle/

打開後一目瞭然！
超強衣櫃整理法

衣櫃裡只有想穿的衣服，打開後有什麼立刻清清楚楚，
不再亂買衣服，穿著品味也變好了。衣櫃規劃師
林智子小姐以自己的家為範本，分享她的終極收納術！

① 襯衫、罩衫、針織衫、下半身單品、外套用衣架掛起來

當季衣物盡量不要收在抽屜，用衣架掛起來「展示」。
「一眼就能看出有哪些單品，思考穿搭也比較容易」。

② 內衣、挖背背心

③ 襪子、褲襪

④ 飾品用透明收納盒 & 隔板分類

為了清楚掌握手邊有哪些飾品，用透明的抽屜收納。「優
雅系、休閒風，依風格分裝在鋪有絨布的抽屜裡，挑選時
很輕鬆」。

壓克力盒、灰絨內盒 / 皆為無印良品

⑤ 長袖內搭或短袖T恤 統一收在1個地方

不用衣架掛的長袖內搭或短袖T恤，摺好後按色分類，立
著收進抽屜。「這麼做就會知道什麼顏色有幾件，也能知
道下次該買什麼」。

PP收納箱 / 無印良品

⑥ 整年都會穿的丹寧褲 按色分類，收在一起

丹寧褲不易變皺，所以摺起來收進抽屜。按色分類，統一
放在1個抽屜。想穿的時候，打開抽屜就能找到。

⑦ 準備放家居服的 專屬收納箱

脫下來總是隨手扔的家居服，放進專用的收納箱。家裡不
再變亂，也會想把衣櫃整理乾淨。

棉麻聚酯收納箱 / 無印良品

⑧
過季的衣物
裝箱後，擺在衣架上層

直到下一季都沒穿的衣服，檢查有無漬印或髒污，摺好後放入收納箱，擺在架子的上層。

FAVORE NUOVO BOX / JEJ

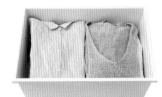

⑨
大衣或過季的
下半身單品套起來掛好

大衣或下半身單品等換季時想掛起來的衣物，裝入通風的衣物收納袋。不但防塵也能和當季的衣服做區分。

帆布衣物收納袋 / 收納巢

⑩
常用的包包統一
放在衣架的某一層

常用的包包擺在方便拿取的位置，要用的時候，隨手一拎，輕鬆省事。

⑪
偶爾用的包包或帽子
收進無蓋的置物盒

不常用的包包、不好收納的帽子，疊放在無蓋的收納箱。擺在最下層，往下看就知道裡面是放什麼。

SKUBB儲物盒 / IKEA

可當作造型的重點　**3件**

開襟外套

優雅色

白色

優雅色

可內搭襯衫或針織上衣的開襟外套是秋冬的必備單品。剪裁適合自己的款式，最好有不同的顏色。

白色開襟外套 / 無印良品
黃色開襟外套 / earth music&ecology
粉紅色開襟外套 / kate spade NEW YORK

有這些單品就能輕鬆完成穿搭

整齊清爽的衣櫃裡
衣服不要超過25件！

衣服太多很難收，也會因為不清楚到底有哪些，
失去了穿搭的機會。根據專家的建議，謹慎挑選
25件單品，做為整理衣櫃的參考。

選擇適合自己的風格　**2件**

長袖針織上衣

自然風格

一件就能穿出門的針織上衣，
選擇橫條紋等適合自己的設
計。白色、亞麻色等不同色的
款式也不錯。

亞麻色、白色針織上衣 / 皆為無印良品

優雅風格

基本款的顏色很實搭　**3件**

襯衫

丹寧布

淺藍色

白色

襯衫可單穿也可搭配針織衫，穿
搭變化豐富。丹寧襯衫也常被當
成薄外套穿。

丹寧襯衫、白襯衫 / 皆為無印良品
淺藍襯衫 / Whim Gazette

暗色系

可搭配西裝外套的款式　**2件**

薄上衣

無袖或袖子較短的薄上衣，即使是天氣較
冷的秋冬，搭配西裝外套或開襟外套還是
可以穿出門。建議保留深、淺兩色。

卡其色 / H&M　粉紅色 / ZARA

明亮色系

以領型分開使用　**2件**

針織衫

深藍色

秋冬時很實穿的針織衫。建議手邊要
有領型不同的基本色款。

深藍色針織衫 / ISLAND KNIT WORKS
灰色針織衫 / URBAN RESEARCH

灰色

優雅款

看起來優雅的最佳單品 **1件**

洋裝

可搭配西裝外套或開襟外套的實穿單品。建議保留一件合身剪裁的優雅洋裝。

洋裝 / KEISUZUKI

硬挺版型

在職場展現幹練氣質的必備單品 **2件**

西裝外套

抽皺加工

因應工作需求保留的西裝外套。基本款的硬挺材質與輕軟的休閒材質,最好各有一件。

深藍色 / UNIQLO
駝色 / DRESS TERIOR

基本剪裁最實穿 **2件**

大衣＆外套

優雅長版

休閒短版

常穿的外套,選擇基本款的顏色或設計。可調整體溫的雙層大衣應該很耐穿。

雙排釦風衣 / BARNEYS NEW YORK
羽絨外套 / DUVETICA

藍色

白色也適合穿去上班 **2條**

丹寧褲

直筒褲或煙管褲,適合體型的設計。建議保留不同色。白色丹寧褲可當作通勤服,搭配深色的秋冬裝就是很好的點綴。

藍色丹寧褲 / Gap
白色丹寧褲 / Lee

白色

衣櫃裡有哪些單品
快來Check！

趕緊檢查你的衣櫃,看看有沒有下列的單品。根據你的工作型態,寫下目前有的衣服與需要添購的衣服各有多少。

	我有	添購
襯衫	件	件
長袖針織上衣	件	件
開襟外套	件	件
針織衫	件	件
西裝外套	件	件
薄上衣	件	件
褲子	件	件
裙子	件	件
丹寧褲	件	件
洋裝	件	件
大衣＆外套	件	件

不同的顏色與剪裁方便穿搭 **3條**

裙子

黑色

駝色

灰色

選擇適合自己的長度或剪裁,基本色可多留幾件。簡單設計款很好穿搭。

黑色A字裙 / TOMORROWLAND
駝色傘狀裙 / ZARA
灰色棉裙 / ViS

中摺線給人精明能幹的感覺 **3條**

褲子

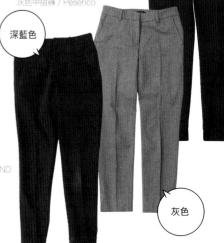

黑色

相當實搭的9分褲,黑色、灰色等基本色都很適合留。中摺線設計的款式,穿去上班看起來很幹練。

黑色、深藍色長褲 / 皆為ZARA
灰色中摺褲 / Peserico

深藍色

灰色

不穿的衣服OUT！

在本書日本編輯部的問卷調查中「最想丟的東西」第1名是衣服，不知道怎麼收納的第1名也是衣服。知道正確的丟法後，趕緊動手實行！

以正確觀念丟掉衣服 充分活用手邊現有的衣物

許多人最想丟的東西，正是「衣服」。面對過多的衣服不知如何收納或管理，明明有一堆衣服卻「找不到今天要穿的衣服！」。

專欄作家金子由紀子小姐說，「衣服擺著不穿等於不存在。別再硬喬位置給幾乎沒在穿的衣服。想要充分活用既有的衣物，先把手邊的衣服全部拿出來」。根據右文的３個步驟，將手邊衣物分為○、△、×三組，判斷基準是「目前為止的活用頻率」。

「丟掉好可惜」、「不確定該不該丟」的衣服請這樣處理！

Case 1 充滿回憶的衣物，以其他形式留存

即使知道丟掉比較好，因為是充滿回憶的東西，所以捨不得丟。「將回憶珍藏在『不佔空間的心底』。把衣服剪開做成裝飾掛畫，或是拍照做成相簿留念，都是不錯的方法」。

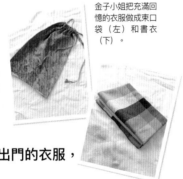

金子小姐把充滿回憶的衣服做成束口袋（左）和書衣（下）。

Case 2 很喜歡卻無法穿出門的衣服，當成家居服穿

雖然變成舊衣無法穿出門，可是穿起來很舒服，實在不想丟……
其實，「換個角度想，可以在家一直穿著喜歡的衣服真幸福！把舊衣服當成家居服也不錯啊！」（金子小姐）

上述2種情況之外，不知如何處理的衣服

「2種丟的時機」幫你做出正確判斷！

根據以下2種基準，輕鬆判斷丟的時機。
衣物專家植村美智子小姐陪你一起做決定。

這種時候 ① 就該丟
確認衣服的『使用期限』
起了很多毛球、破損、無法去除的漬印等，從衣服有沒有明顯不能再穿的綻線或損傷做判斷。

這種時候 ② 就該丟
確認衣服的『有效期限』
退流行的圖案或剪裁，覺得「看起來很舊」的話，表示已經過了『有效期限』，請儘快處理。

不再猶豫！衣服的基本丟法

STEP 1
相同品項的衣服全部拿出來
從衣櫃或收納箱裡取出相同品項的既有衣物。

⬇

STEP 2
以「穿的頻率」與「衣服的印象」分為○、△、×
參考下表，簡單分為3類。
關於「活用頻率的基準」，衣服較多的人，請再降低次數；
衣服較少的人，請再增加次數。

	活用頻率的基準	衣服的感覺
○	當季 **每週一次以上**	·經常穿　·很喜歡 ·沒有會很困擾　·方便實穿 ·大家都說適合我　·穿起來舒服
△	當季 **每月1～2次**	·偶爾穿　·有很方便 ·雖然喜歡，但不太適合我 ·最近的喜好改變了　·衣服受損
×	當季（或去年季）**都沒穿**	·衣服受損，無法穿出門 ·雖然不便宜，但找不到時機穿 ·雖然很好看，但穿起來不舒服

⬇

STEP 3
個別處理
分類後，歸入「X」組的衣服請丟掉，
「○」組是實穿衣物。
至於必須謹慎思考的「△」組，最後再重新分類為○或X。

○的情況 收進衣櫃裡
可當做穿搭主角的單品。尤其是「必備單品」，為了隨時都能穿，請收進衣櫃裡。

X的情況 回想購買金額、購買理由、不再穿的理由，然後「丟掉」
丟掉或捐出之前，想一想當初花了多少錢買、為何要買、為什麼不穿了。稍微回想即可，這可當作日後不再亂買的自我提醒。

△的情況 確認丟的時機，再次分類為○或X
參考左文的「各品項丟的時機」，最後再次分類為○或X。

判斷衣服的「使用期限」與「有效期限」，

請教了這兩位專家

散文作家
金子由紀子 小姐

曾任職於出版社的自由撰稿人。以「簡單優質的生活」為主軸，執筆多種領域的文章。針對簡單生活的訣竅、早晨時間的運用等主題出版的書很多，近期著作為《衣櫃的減法》（河出書房新社）。

造型師
植村美智子 小姐

→ p．38

不過，△組的衣服往往很難判斷。「應該歸類到穿搭主角的○組，還是必須處理掉的×組。△組的衣服不小心分錯邊的話，可能變成擺著不穿的衣服」。對此，金子小姐提出兩個重點。

「第一是『使用期限』，檢查衣服是否有毛球或漬印等明顯的缺陷。第二是配合時下流行或興趣的變化，覺得「已經不能再穿」，好比食品的『有效期限』。從這兩點來確認就沒問題了」。那麼，請參考下述的具體說明，開始整理衣服囉！

大衣

確認有無皺摺或毛球、布料變薄的程度

手肘內側出現無法消除的皺摺，有些大衣因為材質的關係，被包包磨到的部分會起毛球或變薄，這時候就該丟了。

西裝外套、套裝

標準領的西裝外套有退流行的可能

領子或袖口有顯眼的磨損或髒污、手肘或背部的皺摺無法弄平時，請考慮丟掉。袖襬或領型會流露過時感，尤其是標準領更是明顯。

襯衫

從衣領或袖子的髒污等受損程度判斷

若衣領或袖子的髒污、黃斑無法洗掉時，差不多該買新的了。設計方面，這幾年沒有太大的改變，就算是幾年前的襯衫也不會有明顯的差異。

褲子、裙子

有流行元素的款式請注意有效期限

現正夯的寬管褲，口袋的位置等可看出微妙的流行感，如果是幾年前的款式可能不適合再留。裙子若有無法消除的皺摺，表示可以丟了。

針織衫

布料容易變薄，穿了1年可添購新品

包包或手臂常會磨到的腹側處出現磨損、容易起毛球或綻線。比較便宜的針織衫容易變薄，建議1年後買新的替換。

針織上衣

留意直接碰觸肌膚的頸部周圍的髒污

直接碰到肌膚的領子周圍如果出現明顯的髒污或黃斑，或是洗好後變得鬆垮垮，這就表示該丟了。

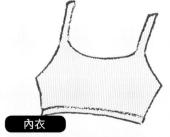

內衣

和內褲一樣，每年確認1次

使用期限大約1年。確認尺寸有無改變，檢查鋼圈弧度、背扣的鬆緊度等。蕾絲有無破損也是添購新內衣的重點。

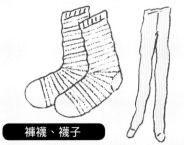

褲襪、襪子

根據毛球等顯眼的「使用期限」徵兆做判斷

絲襪一旦起毛球，不但清不掉還可能脫線，所以還是儘快丟掉。襪子要特別留意趾尖與後腳跟的部分。要是變薄或有破洞就是NG的徵兆。

內褲

鬆緊帶變鬆＝該丟了

天天都要穿的內褲，基本上使用期限是1年左右。假如鬆緊帶變鬆或有洗不掉的污痕，請買新的替換。

撇步大全

出門前的打扮總是花太多時間，也許是因為
衣櫃的收納方式有問題？在此為各位介紹早上能夠
快速完成裝扮的「輕鬆拿」、「立馬知」的收納撇步！

底的「可視化」解決！

顏色或剪裁相似的單品，以自製標籤或
摺法、擺法做區別。一目瞭然的收納方
式，想穿什麼，三兩下就能找出。

隱形襪

**不必捲起來，秀出襪
口的深度**

趾尖部分深度不一的高跟鞋用隱形襪，
收納時左右重疊、攤放平。「看到襪口
的形狀就能馬上選出深度適合鞋子的那
一雙」

襪子

箱子＋盒子的分類收納

收納箱裡再放塑膠盒做區隔，將襪子分
類處理。「厚的長筒襪、踝襪、穿高跟鞋
用的隱形襪，像這樣分開放。」

褲襪

**用油性筆在紙膠帶寫
字做標籤**

褲襪依丹數或顏色裝入夾鍊袋。「用紙
膠帶寫上『80丹黑色』貼好，要穿的
時候立刻就能拿出來穿」。為了方便拿
取，夾鍊袋的袋口不要封。

丹寧褲

利用後口袋做區別

疊放丹寧褲時，要能看到後口袋。「從
口袋的縫線能夠判斷是哪一條。如果腰
部或下擺有特徵，把那個部分朝上擺也
OK。」

針織上衣

**看得到LOGO或標籤的
擺法**

LOGO或標籤、領口的深度等，放衣服
時把最具特色的部分展示出來，找的時
候一看就知道。「就算是同色的衣服也
能清楚區分，這是很棒的方法。」

絲襪

**與棉手套放在一
起，防止脫線**

絲襪和棉手套一起收納。要穿時，戴上
手套就不必擔心被指甲勾破。「收納箱
的高度最好是可以直接放新絲襪的
23cm。」

速選即穿！

衣服的收納重點是以下3項

▼

POINT 1

一目瞭然
能夠立刻
找出單品

POINT 2

想穿什麼
三兩下
就能拿出來

POINT 3

要穿的時候
衣服保持
無皺摺狀態

比起外表的美觀
一看就懂更重要

早上想要快速完成裝扮，收
納居家布置指導的大橋
WAKA小姐說，比起外表的
美觀，「想穿的衣服馬上就能
拿出來的收納方式更重要」。

首先是上衣的收法，「很
多人會摺得很整齊，立起來放
進抽屜或衣物收納箱。可是因
為不知道衣服是『長袖或短
袖』、『圓領或V領』，必須
一件件攤開。即使看起來美
觀，找起來不方便根本是白費
工夫」。

再者，上班穿的多是簡單
素面的衣服，容易有很多類似
的單品。另一方面，微妙的剪
裁或長度、領口的深淺有時也
會影響整體的穿搭。為了快速
找到想穿的衣服，「同類的衣
物一起裝入夾鍊袋」、「貼上
標籤」、「改變摺法」等都是
很有效的方法。

請教了這位專家

收納居家布置指導
大橋WAKA小姐

整理收納顧問1級。曾在進口家具店擔
任居家布置指導，目前主要擔任個人住
宅的整理收納指導。著有《『收納的魔
力』，打造舒適的家！居家排毒》（大
和出版）等書。

速選即穿，準時出門 收納小

「容易產生皺摺」就用

放法&掛法解決！

容易變皺的針織衣物平放或用衣架掛起來。
別硬塞，保留空間才能避免產生皺摺。

消除「雜亂無章」

利用徹

衣櫃裡

衣架最好準備3種，大衣或外套用的厚衣架（左）、絲質罩衫等材質輕滑的單品專用的衣架（中）、其他衣服用的衣架（右）。

上為女用，下為男用。女用的衣架可防止衣服變形。

只是把未使用的衣架下來，就能產生不少空間

未使用的衣架以書擋隔開立放，收在衣櫃的下方。

「保留2成空間的勇氣」——幫你節省打扮的時間

衣櫃裡衣服塞太滿，很難找到想穿的衣服，打扮起來很費時。沒用到的衣架就別掛著，讓衣櫃保留『2成』的空間。這麼做容易掌握裡面有哪些衣物，收取時也方便。

內搭單品

從顏色區分領口的深度

「深領是灰色」、「淺領是黑色」，像這樣先決定內搭單品的條件，只看顏色就能判別。

內搭褲、綁腿褲

只要改變摺法，一眼就能判斷

容易搞混的綁腿褲或踩腳褲，最好的區分方法是摺法。一個是一邊捲起來打結固定，另一個是摺成四方形疊起來，找的時候就不必一件件攤開。

收納盒要配合收納的衣物，選擇適合的深度

收納箱除了長度與寬度，「深度（高度）」也很重要。「為了多放一點東西，只買深的箱子，結果反而浪費空間，東西也不好拿。請參考右文，選擇適合的深度」。

方便收納的深度（高度）

18cm	內衣、細肩帶、襪子、薄毛衣、童裝
23cm	絲襪（新）、褲襪、毛衣、T恤、丹寧褲
30cm	厚毛衣、刷毛單品、包包、厚被單、毛毯

針織衫

領口交疊平放，避免皺摺產生

針織衫與其捲起來立著放，平放比較不會產生皺摺。「領口方向相互交疊，不但可以平行疊放也能提升收納力」。

細肩帶、挖背背心

以書擋區隔&防止垮塌

顏色相似的內搭單品，用書擋隔開。拿的時候也不會垮掉也方便。

全身穿搭輕鬆完成！

鞋子依鞋跟高度擺放的『可視化』！

常穿的鞋子擺在打開鞋櫃就能取出的位置。高跟鞋依鞋跟高度分為3層，看得到鞋跟，挑鞋子時更方便。

「尤其是內搭單品或襪子，顏色或外形相似的總是買了不少。利用馬上就能找到的方式收納必要的衣物，基本的數量便已足夠，還能防止亂買」。

早上趕著出門時，若想快速完成裝扮，讓衣物保持在無皺摺的狀態也很重要。

硬塞在衣櫃或抽屜裡就會產生皺摺，最好保留些許空間。用衣架掛起來的話，請選擇肩膀不會留下痕跡的寬版厚衣架。

「衣櫃或衣物收納箱不要放滿衣服，留下2～3成的空間，這麼一來好拿也好收。整理過後不會故態復萌，能夠保持清爽俐落」。

聰明的收衣方法

早上趕著出門，「居然沒有要穿的衣服！」。想要避免這種情況，就交給最強衣櫃活用法！祕訣就是『整套穿搭的收納』，各位也快試一試！

想想平常上班的打扮，試著搭配看看

不錯唷～

STEP 1

完成 3種基本款的 穿搭

用平時常穿的衣服完成3種全身的穿搭。鞋子或包包、褲襪或大衣，重點是全身衣物一併備齊。「準備好3天的通勤打扮就OK了」。

連同外套一直完成整套的穿搭是重點

飾品、手套等配件也一起做搭配

「今天要穿什麼」 快速著裝完畢 ## 3STEP

了解正確的丟法，手邊只剩真正需要的衣物後，接著嘗試「要穿什麼馬上知道」的衣櫃整理法。

買衣服也變成很愉快的事～！

草間小姐的愛貓
（次元君、15歲、公貓）

大方分享自身經驗
10年內讓衣服的數量減為
14分之1的達人！

提升穿搭品味
聰明使用衣櫃

早上能夠大幅節省打扮時間的絕招就是，衣櫃的用法！10年內將手邊1000件的衣服減少為70件，熟知收納方法的草間雅子小姐充滿自信地說「只要活用衣櫃，穿搭品味也會變好」。

她的活用方法是，把衣服成套收納。「不小心睡過頭，像這樣早上趕著出門時，如果已經備妥喜歡的穿搭，就能快

速著裝，這方法真的很棒」。先準備好3套穿搭，一星期的通勤服也等於備妥了一半。「想到已經有要穿的衣服，心情自然變得輕鬆」。搭配無法掛在衣櫃裡的包包或鞋子，拍下整身的打扮就更完美。

像這樣已經備妥喜歡的穿搭，就能快速著裝，拍下整身的打扮就更完美。

2005年
多達 1000件
每次的穿搭都拍照存檔

⬇

2010年
減為 300件
改成拍下每件單品

⬇

現在是 70件！
正在實行穿搭收納法！

10年前擁有1000件衣服。搭配最喜歡的鞋子，拍成照片存檔。「因為衣服太多，改變配件時就會拍照。結果這方法根本行不通，照片完全沒派上用場」。

由於衣服實在太多，深切反省應該改變買衣服的方式、保留衣服的基準。慢慢地減少了衣服。拍下每件衣服的照片，有空時思考如何穿搭，「用想的很不容易，最後索性不看照片了」。

美觀收納規劃師
草間雅子 小姐 → p.6

今天要穿的衣服，1秒出現在眼前

STEP 3
給你一個讚～

將整套穿搭直接收進衣櫃裡

拍完照後，可用衣架掛的衣服就掛起來，收進衣櫃裡。這時候，單品不必分開掛，依照完成的穿搭掛在一起，早上隨拿隨穿。

STEP 2
原來如此～

實際試穿完成的穿搭「自拍」存檔

穿上完成的穿搭，拍照存檔。拍照時，把鞋子或包包等配件拿在手上，拍出全身的穿搭。「有空的時候看看照片，確認究竟適不適合，這是很不錯的方法」。

收法重點

特殊設計的細肩帶等，有固定混搭的內搭單品，掛在同一個衣架就不必煩惱如何穿搭。

針織上衣＋洋裝的穿法，用1個衣架掛起來，一看就知道該怎麼穿。

沒時間思考穿搭的人不妨試試這個方法！

回到家後，把整套衣服用衣架掛起來

回家後脫下當天穿的衣服，用衣架掛好，整套收進衣櫃。需要洗的衣物，之後再一起洗。「只是把早上穿的衣服拍照存檔，輕輕鬆鬆完成自己的穿搭造型集」。

早上出門時，拍下全身的造型

對自己的穿搭技巧沒自信，也沒時間思考如何穿搭的人，可趁早上出門時，穿上鞋子後拍下全身的造型。「常穿的衣服也是『實穿的衣服』，很容易搭配出基本的造型。」

---

④
內搭單品也要試穿，從3個方向確認

「就算是內搭單品，不試穿就買等於是亂下賭注。請確認前、後、兩側的狀態」。

⑤
選擇單品時，留意光澤感

金色飾品或具光澤感的絲綢等，閃亮亮的單品對女性的穿搭是必要的元素。

NEWS
租穿專家挑選的衣服

日本有不少提供租借新衣的服務，例如「air Closet」。先上網登錄喜歡的造型，每個月會有專業造型師提供3套穿搭，這個服務頗受好評（月繳6800日圓）。

①
思考如何做整體的穿搭再購買

先確認手邊是否有衣服可以搭配想要買的衣服。假如沒有，必須一起購買搭配的衣服。

②
不必堅持一定要「耐穿」

就算是只能穿一季的衣服也沒關係，把握機會多穿幾次。

③
特價時，鎖定「不同色的常穿單品」

趁著特價的時候，選購常穿單品的其他顏色，這樣就能減少誤踩地雷的機會。

這衣服好貴……總是買了相同的衣服

「丟掉好可惜、不甘心！」讓你不再有這種想法的聰明買衣法

請教了這位專家
造型師
植村美智子小姐 → p·38

經常因為便宜等理由，衝動買下的衣服。造型師植村美智子小姐說，「衣櫃裡放不下，只是因為買的量多於丟的量」。想擁有乾淨整齊的衣櫃，也要學會如何聰明購衣。

為了避免買完才後悔，植村小姐傳授的訣竅是左文的5大要點。「只要記住這些，就會知道什麼是適合自己的衣服或穿搭，買衣服時也會更輕鬆愉快。客觀檢視自己，最後會讓你產生自信」。

的保養方法

喜歡且常穿的衣物配件，只要平時
做好保養、珍惜使用也能幫你省下不少錢。
向專家們好好學習正確的保養方法吧！

Q 洗好的效果不如預期……
請問該做哪方面的調整？

A 重新檢視「時間」、「溫度」、
「洗劑」、「洗法」

殘留半乾的潮濕異味、洗不太乾淨等，要是覺得清
洗效果很差，「試著改變以往的清洗方式很重
要」。

改變洗法

如果擔心衣服變皺，
縮短脫水時間。若在
意衣物受損，可使用
洗衣機的精緻衣物清
洗模式，像這樣配合
衣服的狀態改變洗
法。

改變溫度

「提高水溫，促進洗
劑的效果」。若是用
洗衣機，開始清洗前
先暫停，加些溫水，
讓水溫變成30～
40℃。

改變洗劑

在意髒污的話，使用
粉末洗劑，或是用漂
白劑浸泡，試著換一
下平時用的洗劑。

改變時間

「延長清洗時間，去
污效果會變好」。用
加了洗劑的水泡約
30分鐘再洗，也是
不錯的方法。

Q 應該準備哪些洗劑？

A 至少3種，這樣已經足夠

「只要有液體洗劑與柔軟精、漂白劑，大部分的衣服
都能洗。若有需要，再配合手邊的衣服添購必要的洗
劑」。

柔軟精

讓衣服變得蓬鬆
柔軟。也有抑制
靜電的效果。

液體洗劑

用於清除髒污，
弱鹼性比中性的
好。

漂白劑

用於分解頑強的
髒污或黃斑。含
氧系也可用於彩
色衣物。

+

有這些很方便！

 在意衣物的髒污

 白色衣物較多時

絲綢或針織衣物較多時

粉末洗劑

洗淨力比液體洗
劑好。用水或溫
水溶解後使用。

粉末漂白劑

如果是弱鹼性的
粉末漂白劑，可
單獨和洗劑一起
使用。

中性液體洗劑

精緻衣物用的洗
劑。衣物不易受
損，也可用於毛
料或絲綢。

衣物清洗篇

WASHING

「清洗＆晾曬」的基礎知識很重要！

受損或髒污、毛球皆因錯誤的洗法而起。
了解基礎知識後，衣物變得耐穿，還能省下洗衣費喔！

請教了這位專家

造型師
中村祐一先生

長野縣洗衣店「芳洗舍」第
3代老闆，在日本是家喻戶
曉的「洗衣王子」。
著有《在家輕鬆洗的洗衣訣
竅》（大泉書店）等書。
http://www.sentaku-
yuichi.com/

我都是這樣保養衣物

「根據衣服的個性(狀態)改變清潔的方法，像是用洗衣機
洗或手洗。手洗可以儘早發現髒污或綻線的地方，進而延
長喜歡的衣物的使用期限。珍惜的心意增加，自然會更加
小心對待衣物」

Q 有沒有讓絲襪不脫線的祕訣？

A 慎選尺寸＆
「nonrun織法」是重點

「『nonrun織法』的商品，就算有破洞也不會脫線
很不錯。為防止絲襪的纖維被勾破，選擇合腳的尺
寸。」

Q 如何讓褲襪不易起毛球？

A 洗的時候要翻面，
用洗衣機的手洗模式洗

「手洗或是用洗衣機洗的手洗模式。為避免磨擦或與
其他衣物接觸，洗的時候請翻面。」

Q 有沒有能一眼看出褲襪丹數（denier，
褲襪的厚度、彈性）的收納方法？

A 將收納空間分為「絲襪」、
「薄」、「厚」

「將收納空間分為3處，分類收納後，早上再忙也能
快速找到想穿的那雙。」

Q 絲襪怎麼摺才正確？

A 雙腳對齊，
從趾尖開始摺

「不傷害絲襪纖維的收納方式是絲襪耐穿的訣竅。」
參考以下的步驟，學習正確的絲襪收納方法。學會之
後，1雙只要5秒就能搞定喔！

HOW TO

最初的重疊很重要！

外翻包覆

3

絲襪的腰胯部分向外
翻，把摺成四方形的部
分塞入其中。

1

將絲襪的右腳部分與左
腳部分對齊，縱向對摺
並重疊。

\完成/

4

以腰胯部分包覆可防止
受損，稍微壓平後，就
算空間不大也能收納。

重複對摺

2

再次對摺，直到摺成想
收納的大小，使其成為
四方形。

褲襪＆絲襪篇

TIGHTS&STOCKINGS

正確的摺法也是耐穿的祕訣

總是「丟進洗衣機洗一洗而已」的褲襪＆絲襪，花點時
間就能延長使用期限。

請教了這位專家

福助
廣宣、IR室
松山友香小姐

福助公司商品的廣宣人員。
平時就很愛穿福助的絲襪
「滿足」。「透薄感、包覆
力、穿起來的舒適度都很
棒，我已經成為粉絲！」

我都是這樣保養衣物

「基本上，我都是用內衣專用的洗劑來手洗絲襪或褲襪。
沒時間的話，裝進細網眼的洗衣袋或已經不穿的絲襪，用
洗衣機的手洗模式清洗。這樣可避免受損或勾破，真的很
棒喔！」

從清洗方式到實用的收納巧思，完整大公開

因為喜歡，更要珍惜！ 愛用衣物

不同單品的清洗方式篇

Q 速乾性佳的內搭單品等的機能性內衣，汗漬總是洗不掉！

A 放進溫水泡30分鐘，再用洗衣機洗

「機能性材質雖然方便，一旦纖維內有污垢就很難清除。在臉盆裡裝30～40℃的溫水與洗劑，衣服浸泡30分鐘後，再用洗衣機洗。如果還是洗不掉，可使用含氧系漂白劑。」

40℃

Q 保持亞麻襯衫「質感」的洗法要訣是什麼？

A 「鬆垮派」勿脫水，「硬挺派」曬至半乾＋用熨斗燙

「喜歡柔軟的感覺就別脫水，用毛巾夾住、吸乾水分，再用衣架掛起來晾乾。若想保持硬挺感，在半乾的狀態下用熨斗燙一燙。晾的時候只扣第1顆鈕扣，立起領子就會比較快乾。」

Q 「可水洗」的西裝外套，洗完後維持「硬挺感」的訣竅是什麼？

A 用符合肩寬的衣架掛起來晾曬，衣領用熨斗稍微燙一燙

「用適合肩型的衣架晾乾是重點。如果找不到適合的衣架，纏繞毛巾調整寬度或長度。晾乾後最好再用熨斗燙一下衣領與鈕扣周圍。」

厚度很重要！

Q 如何保持喀什米爾毛衣的柔軟質感？

A 手洗，洗完後用蒸氣熨斗浮燙

「可以在家自行清洗的話，基本上就是手洗。裝入洗衣袋壓洗（請參考右上文），再用洗劑泡5～10分鐘。洗乾淨後→放進洗衣機脫水→攤平陰乾，以蒸氣熨斗的熱氣使其恢復蓬鬆。」

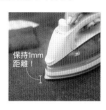
保持1mm距離！

Q 羊毛針織衫洗完都會起毛球！是洗法有錯嗎？

A 基本上是用手洗。若是用洗衣機，脫水時要裝入小一點的洗衣袋

「衣物纖維磨擦是造成毛球的原因。羊毛或喀什米爾毛料的毛衣摺好後，裝入小一點的洗衣袋用手洗。泡在洗衣精裡壓洗，連同洗衣袋放進洗衣機脫水10秒→暫停，重複2、3次。」

服服貼貼！

Q 棉褲洗完變得皺巴巴。怎麼洗才能保持平整？

A 縮短脫水時間。或是用烘衣機烘10分鐘左右

「通常用洗衣機洗的話，脫水時間設定30秒～1分鐘內。若是用烘衣機清洗，脫水後用烘衣機烘10～20分鐘左右。讓褲子在洗衣槽內接觸暖風，皺摺也容易消除。」

Q 穿起來腳不會痛的選鞋重點是什麼？

A 了解自己的腳型，就能知道該選哪種鞋子

「腳型大致分為3種。選擇適合自身腳型的鞋子是第一步。」

埃及腳
第一趾（拇趾）最長的腳型。圓頭或從拇趾開始呈現圓弧曲線的鞋子是理想款式。

希臘腳
第二趾（食趾）最長的腳型。鞋尖有如杏仁般的尖頭鞋是理想款式。

方型腳（農夫腳）
五趾長度差不多的腳型。四方型楦頭的鞋子是理想款式。

Q 黑色漆皮鞋上出現白色點點，該怎麼消除？

A 請用漆皮專用的水性清潔劑仔細擦拭

「原因是漆皮表面的加工處理劑剝落。請用漆皮專用的水性清潔劑仔細擦拭。」

Q 鞋子裡很悶，傳出臭味！

A 鞋子的尺寸很重要！請用鞋墊等物調整

「鞋子悶是因為尺寸不合腳。穿了尺寸偏小的鞋子，空氣不流通，容易感到悶熱，太大也NG。為了不讓鞋子鬆脫，用力踩緊鞋底，反而沾上難聞的腳汗味。如果鞋子尺寸偏大，請放鞋墊調整鬆緊度。」

Q 麂皮鞋被雨淋濕了，之後該怎麼處理？

A 用面紙從逆毛的方向快速擦拭

「不時擦乾水分很重要。到了車站或公司，快用面紙擦乾。先從逆毛的方向快速擦拭，再沿著表面輕按吸水。」

鞋子的保養篇

SHOES

一切取決於選法！

因為常穿，所以想穿久一點。讓專家教你如何挑選穿起來舒適的鞋子，以及保養的訣竅。

請教了這位專家

REGAL CORPORATION
零售統合部 教育課
小澤宏彰先生

負責「REGAL COLLEGE」的整體營運，同時擔任研修講師。「服裝儀容當中，最會影響好感度的部分就是鞋子。穿上乾淨的鞋子，一整天都會意氣風發。」

我都是這樣保養

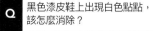

「先塞入天然木製成的鞋托，用馬毛刷一刷，塗抹去污霜並擦乾淨後，再用皮革養霜擦一擦。最後噴上防水噴霧，就能維持1個半月的時間」。

想要實行法式的簡單富足生活方式，先從服裝著手！
學習如何整理衣櫃裡滿滿的衣服，選出「實穿的10件」。

珍妮佛·斯科特
（Jennifer L. Scott）

定居加州的美國女性，其著作《向巴黎夫人學品味：Madame Chic的20堂優雅生活課》（積木出版）已在12個國家成為暢銷書。

怎麼丟＆怎麼買，趕快學起來！
「我也只有10件衣服」實踐篇

衣服款式愈簡單 穿搭變化愈豐富

在職女性的「10件」衣服該怎麼挑選呢？本書特別請教了造型師山本昭子小姐。

山本小姐的個人造型課，每次開放預約就被搶光，因此被稱為「預約秒殺」的造型師。協助過不少顧客的山本小姐說，許多人手邊的衣服「主角級單品太多，有著很難搭配圖案或剪裁設計，所以穿搭經常只有一種模式」。

對此，她提出的建議是，衣服盡量簡單，利用配件點綴。「這麼一來，無論公私場合只要有10件衣服就夠了！」。

本書也以「山本昭子是上班族的話」為主題，請她挑選了適合的單品。

還有在穿嗎？
重新檢視手邊的衣服！

斯科特小姐說「女性都愛打扮，每天都在思考要穿什麼，所以很了解自己的喜好。想要實行法式的簡約生活，先把衣櫥裡的衣服減少成10件會比較容易」。那麼，先來檢查你的衣櫃吧。「確認手邊的衣服是否有需要時，問問自己『還喜歡這件衣嗎？』、『還有在穿嗎？』、『尺寸還合身嗎？』、『穿起來適合我嗎？』，如果答案是否定，那就處理掉吧。」

斯科特式「10件衣服」的基本規則

☒ 由10件基本單品組成。
不過，多或少2～3件沒關係。

☒ 10件衣服之外的單品
· 外套類／大衣、西裝外套、背心等
· 飾品／絲巾、耳環、項鍊、披巾等
· 鞋子
· 貼身內搭／挖背背心、細肩帶等混搭用的衣物或穿在外套下的衣物
· 禮服類／雞尾酒禮服、晚禮服、日用禮服

在職女性的10件衣服選法

不同的領口深度或剪裁設計

「基本上不要留領口深度或剪裁設計相同的衣服。上衣各留1件V領和圓領，褲子各留1條寬管褲和緊身七分褲，像這樣保留不同款式的衣服」。

上班可以穿的衣服要有6件以上

「上班的通勤服私下也能穿，但丹寧褲等偏休閒風格的單品很難穿去上班。多留幾件上班穿的衣服比較好穿搭」。

相反色是必備

「通常會只留喜歡的顏色，如黑色或駝色等，最好保留相反的顏色，像是黑色與白色。如果冷色較多就保留1件暖色的衣服，顏色的『溫度』也要列入考慮」。

『套裝』要有1套

「上下相同材質、同色的套裝最好要有1套。就算不是成套的衣服，材質與顏色能夠搭成套裝的話也OK」。

造型師
山本昭子小姐

1978年出生，多次經手女性雜誌或廣告等的造型設計。「希望能讓民眾輕鬆諮詢衣服的買法和穿法」，為此開辦了個人造型指導與講座。近期著作為《簡單生活質感穿搭術》（三采出版）。

每朝、服に迷わない

先從服裝著手
「法國人只有10件衣服」實踐篇

利用10件衣服
完成3種穿搭

使用右邊的部分單品，完成3種場合的實際穿搭。配件的搭配也可當作參考！

◀◀◀ 派對

ⓒ + ⓖ

銀色配件為全黑的造型注入華麗感

「ⓒ + ⓖ 搭配出『套裝』的感覺，營造出『正式』的氛圍。全身黑的造型，配件的使用是重點。銀色手拿包和大項鍊的光澤感加上碎花高跟鞋，使整體變得華麗十足。」

項鍊、高跟鞋 / JUSGLITTY
手拿包 / 山本小姐的私物

假日 ▶▶▶

ⓓ + ⓕ + ⓘ

**褲管反摺
露出腳踝**

「T恤＋丹寧褲，以及披在肩上的紅色開襟外套。丹寧褲的褲管反摺，露出腳踝看起來更有女人味。白色帆布鞋可搭褲子也能搭裙子，簡直是百搭單品！」
所有配件都是山本小姐的私物

所有配件都是山本小姐的私物

◀◀◀ 辦公室

ⓑ + ⓔ + ⓙ

**下搭蕾絲裙
提升時尚感**

「ⓑ 的上衣搭配 ⓙ 的裙子完成這身優雅的打扮。看似簡單的穿搭，裙子的蕾絲發揮很好的效果！外搭西裝外套，增加正式感。「綁在包上的絲巾成了亮眼的裝飾。」

鞋子・提包 / JUSGLITTY

建議保留的10件單品

**ⓑ 白色V領
上衣**

「V領和圓領的上衣各有1件的話，穿搭變化會很豐富。通常是搭配西裝外套或開襟外套，所以選無袖、袖口貼的款式。具光澤感的柔軟材質適合參加華麗的場合。如果是A字剪裁，單穿就很有型。」

**ⓒ 黑色圓領
上衣**

白色上衣 / ZARA
黑色上衣 / JUSGLITTY

ⓔ 西裝外套

「若是略長的寬鬆版型，夏末天氣轉涼時，可當成外套穿。經常參加簡報會議等正式場合的人，最好選擇合身的標準領西裝外套。」

西裝外套 / STUNNING LURE

**ⓖ 黑色
寬管褲**

「褲子建議留1條寬版的直筒褲，以及1條褲管縮口設計的長褲，顏色是黑與白。我是選有吊帶的寬管褲，想穿得優雅一點的人可以選直筒的錐形褲和窄窄的緊身七分褲。也可把黑色換成灰色，白色換成駝色，請選擇好搭配的顏色。」

黑色吊帶褲 / Mystrada
白色縮口褲 / JUSGLITTY

**ⓗ 白色
縮口褲**

掌握時尚感關鍵的配件選法

衣服簡單，利用配件點綴是山本小姐的妙招！「鞋子或包、飾品最好是留令人印象深刻的款式。銀色的鞋子或包其實很好做造型。此外，碎花高跟鞋也能讓簡單的穿搭變得很華麗。披巾也是為頸部周圍加分的優質單品。」

**ⓐ 基本款
的襯衫**

「1件基本款剪裁的襯衫。無論塞進裙子、放在褲子外都剛好在臀部中央是理想的長度。顏色方面，除了白色、藍色或粉彩色系皆可，依個人喜好決定。」

襯衫 / 山本小姐的私物

ⓓ T恤

「有LOGO或插畫圖案的T恤，單穿就很好看。建議保留短版合身的款式。Theory等有質感的品牌，可以找到穿起來修身的設計。」

T恤 / 山本小姐的私物

**ⓕ 兩件式
針織衫**

「直接穿也可以，把開襟外套綁在肩部或腰部可當作造型的重點，最好是選鮮豔的顏色。圓領的開襟外套，1件就很好穿搭。」

兩件式針織衫 / JUSGLITTY

ⓘ 丹寧褲

「休閒風丹寧褲一定要有1條！我喜歡毀損風處理的休閒丹寧褲，各位請依自己的喜好挑選。剪裁方面最好是褲管能夠反摺穿的設計。試著向店家詢問『我想找褲管可以反摺的款式』。」

毀損風丹寧褲 / ZARA

ⓙ 特殊設計裙

「簡單的上衣搭配巧思設計的下半身單品，看起來就會很時尚。保留蕾絲材質或華麗印花圖案等具設計感的裙子，你的穿搭會顯得很有型！」

蕾絲裙 / JUSGLITTY

身物品

巴黎職業婦女的日常生活儘管忙碌，還是很懂得讓自己喘口氣。發自內心的笑容是因為「喜歡自己」，一起來瞧瞧她們的「美好生活方式」。

20多歲 單身

品牌店長
凡妮莎·蒙塔爾巴諾小姐
（28歲）

{ 1天的作息 }

8:00 起床
早餐通常是吃穀片、水果和優格。我會自己搾新鮮果汁喝。

每天早上先帶愛犬散步10分鐘左右，再回家吃早餐。也會上網瀏覽新聞。

9:00 出門
工作地點是春天百貨，我都搭地鐵通勤。

9:30 上班
我都自己帶便當。吃完午餐後去逛逛百貨公司裡的其他店家，和同事喝杯茶。

13:00~14:00 午休

便當主要是分量十足的沙拉。每天的菜色都不一樣。餐後喝杯薄荷茶。

18:30 下班
一起住的男友是自由工作者，每天都在家等我下班。

19:00 返家
帶著愛犬和男友上街散步約30分鐘。晚餐由男友負責。我會利用那段時間卸妝、沖澡、保養皮膚和身體。

20:00-21:00 晚餐＆整理。之後準備隔天的便當

睡前不用手機，主要是閱讀旅遊方面的書。我也喜歡英國小說家阿嘉莎克莉絲蒂（Agatha Christie）的作品。

23:00 躺在床上看書

0:00 就寢

凡妮莎小姐3年前與男友、愛犬艾德加在巴黎的公寓展開了同居生活。她說「要是對工作缺乏熱情，根本做不久」，可見她於公於私都很熱愛時尚。在老牌百貨公司「春天百貨公司」擔任品牌店長，下班後也經常更新部落格。「為了買可以用一輩子的包包或大衣、存長期旅行的旅費，我每天都很節省，絕不亂花錢」。認真工作後回到家，和男友悠閒共度的兩人時光，對她來說也很重要。

熱愛工作，充滿熱情。與男友相處的時間也很重要！

{ 1天的作息 }

7:20 起床
準備全家人的早餐。老公前一晚會先擺好餐具。我們的早餐很簡單，就是麵包抹奶油或果醬。

我早上只喝茶和酪梨思慕昔。

沖澡、化妝

8:10
和老公分頭送孩子上學，接著上班。

配合工作的預定行程，如果時間允許，和媽媽朋友去咖啡廳喝杯咖啡。有時會先回家一趟，吃早餐或整理家裡。

在外工作時，我會和朋友或老公到餐廳悠閒地享用午餐1小時。

9:00~10:00 上班

我都騎機車上下班。就算巴黎常塞車，我也來去自如！

13:00~13:30 在公司的咖啡廳吃午餐

19:00 下班
返家途中去小型超市或熟食店買點東西。要買的量比較多時，我會去可以宅配的大型超市。

19:30 返家
回到家之前，孩子們交給保母或我母親照顧。

一回到家馬上做些簡單的料理。多半是吃冷凍食品或外帶熟食、壽司。

20:00 晚餐

20:30 讓孩子們洗澡

21:00 孩子們上床睡覺

孩子們睡了之後，我會看看電視、上網瀏覽IG或是朋友的部落格，好好放鬆。不過，工作忙的時候，我也會在家加班。老公通常會出門慢跑。

0:00 就寢

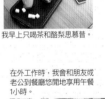

30多歲 職業婦女

建築指導
克萊兒·奇諾蒂小姐
（37歲）

工作與家庭都是努力得來的成果 我對這一切心存感激

克萊兒小姐是擁有豐富資歷的建築指導。5年前離婚的她，除了自己的2個孩子加上伴侶的2個孩子，總共要照顧4個小孩。偶爾把工作帶回家，雖然每天都很忙，她仍笑說「全家人在一起很幸福，我很喜歡現在的自己」。

委託業者打掃家裡，請保母幫忙帶孩子。家事、育兒很有效率，有時和伴侶一起外出讓她覺得很開心。

巴黎女性的一日作息＆隨

單身女＆職業婦女的24小時

戀愛、婚姻觀

Vanessa
男友的生活哲學和我相同 但我還沒考慮結婚這件事

「我和男友是在朋友家中的聚會上認識的。彼此都喜歡旅行，『工作必須是生活的樂趣』是我們共同的信念」。同居3年至今，雖然感情愈來愈深，但沒考慮過結婚這件事。「因為周遭太多人離婚，我對婚姻不抱任何憧憬（笑）」。

Claire
與心愛的人共享 日常生活是很珍貴的事

5年前離了婚的克萊兒小姐。「離婚後天天以淚洗面，埋首於工作，弄壞了身體，還把氣出在孩子身上……」。直到現在的另一半，我的心才恢復平靜。現在仍然重視「戀愛」的感覺，兩人偶爾會去餐廳吃飯，共度浪漫時光。

工作觀

Vanessa
不光是為了賺錢 必須抱持熱情

「只要真心熱愛工作，再辛苦也能撐下去，而且我相信這會帶給我很大的成長」。除了銷售的本業，凡妮莎小姐也會在部落格分享自己的創作或時裝、旅遊方面的格文。「寫部落格也不是出自興趣，而是當成『工作』」

Claire
比別人付出多一倍的 努力才獲得現有成就

「有孩子的女性或年輕人無法好好勝任工作，法國也存在著這樣的偏見。所以，遇到任何請託或洽詢，我都不會拒絕，先做再說」。結果，前些日子克萊兒小姐升職了！「這讓我覺得一切的辛苦是值得的。」

Vanessa
喝自己搾的果汁 吃自製優格

攝取品質好的新鮮食物，像是自搾果汁、自製優格等。洗髮精、香皂基本上都是用無矽靈＆無防腐劑的天然產品。

基礎化妝品是以Kiehl's的美容液為主，搭配淡化黑眼圈的乳液。香水也是必需品。

化妝的重點是口紅，偶爾加畫眼影。指彩是配合穿搭的顏色。

巴黎一整年都很乾燥，護手霜、護唇膏是包包裡的常備品。

Vanessa
別人送的包包裡只放 最基本的必需品

Galeries Lafayette的包包是我離職時，前同事合送的禮物。裡面裝的是（左起，順時鐘方向）BIAFINE的護手霜、妮維雅的護唇膏、拉拉熊的鑰匙包、香奈兒的眼鏡、貓臉造型的錢包、名片（未裝入名片夾）。

通勤包＆內容物

Claire
葛飾北齋的化妝包！ 內容物統一用藍色系

藝術家友人做的包包，我很喜歡。裡面裝的是（左上起，順時鐘方向）護照（找不到必須攜帶的ID卡，先用這個代替！）、駕照、北齋畫作的化妝包（購自巴黎舉辦的回顧展）、護唇膏、環保袋、零錢包、鑰匙。卡片夾是裝地鐵車票、保險卡、信用卡。

美麗的祕訣與包包的 內容物徹底比一比！

Vanessa 20歲 單身
Claire 30歲 職業婦女

為了維持美麗 固定會做的事

去日本旅行時買的面膜，每次敷都覺得很開心。順帶一提，髮膜是自己用蜂蜜加蛋做成的。

我喜歡做指彩。在家裡放鬆地做指彩，令我感到雀躍愉快。

（右下）基礎化妝品多為藥局製品。每晚都會用洗臉機。（左下）彩妝品是用妙巴黎（Bourjois）、絲芙蘭（SEPHORA）等牌子。

Claire
「喜歡自己」的心態 是美的基準

隨時保持喜歡自己的心態很重要！不光是磨練內心，生活方式或服裝等外在也要努力維持自己能夠接受的狀態。

人生觀

Vanessa
期待遇見未知的 美麗事物

「自然或建築……這世上還有許多我不知道的美麗事物。我很喜歡發現時的那股感動，因而熱愛旅行。把工作當成興趣，樂在其中。「每晚睡前，我會試著回想3件當天覺得很棒的事。像是偶然走進一家咖啡廳，喝到好喝的茶，諸如此類的小事。這些就能讓人生變得很美好喔！」

Claire
工作家庭皆充實的 現況令人滿足！

工作很充實，擁有4個活潑的孩子，儘管生活非常忙碌，還是覺得現在的自己很幸福。「問我有什麼夢想……？我老公繼承的鄉下房子位於法國中部的勃艮第，但因為太舊無法居住，我們目前在DIY整修，希望把那裡改造成很棒的地方，週末全家人去悠閒地度個假」。

---

from Claire

因為平時很忙，週末的時候我會做點心，和孩子們膩在一起。有時我也想多陪陪他們……，在巴黎兼顧工作與家庭是理所當然的事，我並不覺得辛苦。

克萊兒媽媽請回答

職業婦女的家事＆育兒

每個月夫妻結伴 外出約會幾次

「當孩子們各自去了前夫、前妻的家，我和老公會出門共度兩人時光。其實，把孩子交給保母，外出約會的夫妻也不少。」

少加班，每天保有 與孩子相處的時間

「雖然有時得加班，但我儘3量把工作帶回家做」。和孩子們一起吃晚餐、讓他們洗澡，等孩子們睡著再繼續工作。

善加活用母親或保母 的幫忙

每天回到家已經超過晚上7點半。在那之前，孩子們是由克萊兒的母親或保母照顧。「除了陪孩子玩，也要幫忙看功課、接送他們上才藝班。」

每週1次，委託業者 打掃家裡

「每週一委託業者打掃家裡4小時」。有些巴黎的雙薪家庭是每週2次、每次2小時，將家事委託給家事業者是很普遍的事。

揭露！

不去健身房運動，也沒有刻意控制飲食或卡路里。這樣的法國女性很多！本書採訪了定居日本的法國女性，請教她們維持美麗的祕密，以及住在「方便至上」的日本，如何健康生活的訣竅。

(法國女性比起被稱讚「美麗」
更想聽到「很知性」)

Mon Cosmétique

在市售的酪梨油或杏桃油裡滴入左圖的精油，做成自創美容油，主要用來擦身體。

把用完的蘭蔻乳霜空罐洗乾淨，裝入美容油，拿來保養乾燥的肌膚。

擔任法語講師的Peggy Heure小姐說「與起被說很漂亮，法國女性比較喜歡被稱讚很知性。所以，她們喜歡聊藝術或電影勝於美容，隨著年紀增長益發知性，心態也更加成熟」。穿著打扮與妝容要選擇適合自己的天然物品，「不隨波逐流，只用適合自己的東西」。不矯揉造作，自然就是美。

Peggy Heure小姐
來自法國的瓦隆先（Valenciennes），在東京飯田橋的Institut français東京（http://www.institutfrancais.jp/tokyo/）擔任講師。

(注重營養均衡
喜歡自己下廚)

Mon Cosmétique

早上化妝時，擦完歐緹麗（CAUDALIE）的潤色乳液後，用粉刷上粉底，接著畫眼線、塗睫毛膏、畫口紅就完成了。

護膚只有洗完臉後，塗抹聖芙蘭（SANOFLORE）的保濕乳液。「這是購自法國的有機化妝品」

在英語會話學校負責講師管理的Anne-Lise Vaur小姐，她的美麗祕密就是飲食。

「多攝取蔬菜、肉類、豆類等食品群，維持量與營養的均衡。例如，大吃大喝後的隔天要減少飲食」。愛做菜的她也常邀朋友到家中聚餐。「大概準備3道料理，我喜歡邊做邊想如何讓營養或味道均衡」。

Anne-Lise Vaur小姐
來自法國的土魯斯（Toulouse），在英語會話學校Gaba的錦糸町校負責講師管理與培訓。

(放鬆的時間
讓我維持健康狀態)

我很喜歡嬌蘭的幻彩流星蜜粉球。「輕輕一刷，臉的氣色就變好了」。

Mon Cosmétique

摩洛哥的女性習慣，用「KOHL」影線液塗黑眼睛周圍。「天然成分不傷眼部肌膚」。

←摩洛哥的天然火岩泥黏土「Ghassoul」加水調成面膜使用。

→「我喜歡香奈兒的彩妝品。比起流行，我更在乎顏色適不適合，所以一直都是用這個牌子。」

水林茉莉亞小姐說「來自南法的母親使我體認到，看起來健康是很重要的事」。時時保持積極的心態。「晚上我通常會和父母喝餐前酒聊天，或是和朋友外出。與家人或朋友放鬆度過的時光，是我每天的活力來源」。

水林茉莉亞小姐
父親是日本人、母親是法國人。任職於買賣香檳地區巴黎之花（Perrier-Jouët）等名酒的法系洋酒公司保樂力加（Pernod Ricard）日本分公司，擔任企業廣宣。

在日法國女性的美容習慣
輕鬆維持美麗的祕密，在此大

法國女性維持美麗的習慣共通點大彙整！

香水

法國女性都有「專屬自己的香氣」。「如果用了平時不會用的香水，同為法國人的男同事馬上就會發現。男性也是很敏感喔」（茉莉亞小姐）。

DOLCE & GABBANA 的「the one」是我的專屬香氣。

碧兒泉的EAU PURE 香氣清爽，我很喜歡。

充滿異國風情的迪奧 HYPNOTIC POISON 是我的愛用香水。

精油很重要

3人都有使用自製的美容油。「臉和身體都能用，相當滋潤。利用精油改變香味也很不錯」（Peggy小姐）

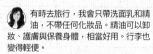

我把朋友做的精油裝瓶使用。家裡也有專用的調油鉢，我都用那個鉢混合朋友的精油和香氛精油。香味聞了使人放鬆。

有時去旅行，我會只帶洗面乳和精油，不帶任何化妝品。精油可以卸妝、護膚與保養身體，相當好用。行李也變得輕便。

朋友幫我做的精油是保養身體用。每週1～2次沖澡後使用。雖然擦的時候不會按摩，但我會慢慢地擦，讓肌膚充分吸收。

多喝水

法國女性維持美麗的祕密，絕對少不了「水」。有些人從早上起床到晚上睡前，1天要喝2000毫升以上的水。她們幾乎不喝含糖飲料。

我很注意飲食，不但要營養均衡，也要盡量多喝水。

媽媽從小就教我要多喝水，1天至少喝1L。除了在家常喝水，去上舞蹈課或出門跳舞時，我也會自備飲水。

吃水果

基於美容意識要常攝取維生素。3人都認為比起「不天然」的營養補充品，多吃水果就能補充需要的維生素。

我沒有刻意控制每餐的量，只要1週的飲食均衡即可。為了攝取維生素，早上必喝100%的新鮮果汁。

身為法國人的媽媽從小就教我要吃水果。尤其是早上，我都會少量地吃各種水果。奇異果是每天必吃的水果。

茉莉亞小姐的早餐看似簡單卻營養滿分。

走路

對法國女性來說，走路是熱門的「運動」。像是走地鐵一站的距離，假日去綠意盎然的場所散步。放鬆之餘，順便健身！

從工作地點Institut français東京到上智大學，搭電車是2站的距離。同一天有課的話，只要天氣好，我會走路不搭電車。沿著河堤散步很舒服。

如果是走路可以到的地方，我就走路不搭電車。我的興趣是拍照，假日會帶相機外出。有時會騎心愛的腳踏車四處晃晃。

Anne-Lise小姐的愛車，天空藍的塗色真可愛！

爬樓梯

法國有許多古老的建築物，沒有電梯的公寓也不少，所以法國人很習慣爬樓梯。爬樓梯還有提臀的效果。

雖然日本的車站都有手扶梯，但我還是習慣爬樓梯當成做運動。不過，為了不讓身體太累，上下班的電車只要有空位我就會坐。

與其搭手扶梯或電梯，我盡量爬樓梯。如果只是3樓左右的程度，爬樓梯是理所當然的事。邊爬邊想著這樣可以提臀。

跳舞

3人的共通興趣是「跳拉丁舞」！去上夜店營業前的舞蹈教室，或是去可以小酌跳舞的俱樂部，開開心心地活動身體。

有空的時候，我會去上莎莎舞課，跳舞活動身體。比起獨自默默運動，與人愉快互動的方式比較適合我。

我從20多歲就開始學拉丁舞。現在每週六的晚上，我都會去上舞蹈課。跳舞不只是為了維持體態，也能消除壓力。

除了拉丁舞，大學時期在法國留學時也學了肚皮舞，現在也有持續在跳。因為會用到全身的肌肉，沒有鍛鍊肌肉，身體很是很緊實。

超方便！在日本超商會買的東西

很晚下班的時候，我會順道去買水果或沙拉、優格。我有買過便當，但味道太重我吃不慣。

飲食方面，頂多買水。不過工作上必須出席正式場合時，我會買綁頭髮用的髮圈和U型夾。

我喜歡健康的沙拉用雞胸肉和優酪乳。7-11賣的黃金吐司也很好吃。我不買零食或碳酸飲料。

（ 3位法國女性「不做的事」也都一樣 ）

不忽視成分

法國的藥妝店也有賣有機化妝品。選購時特別留意成分，只買確定可以用的產品。

不刻意瘦身

沒有控制飲食或計算卡路里。晚上如果要聚餐，隔天午餐就少吃點……，像這樣以好幾天為單位調整食量。

不跟隨流行

護膚或彩妝都不盲從流行，花時間選擇「適合自己的東西」。有機化妝品也很受歡迎。

不使用「藥物」

不吃市售的減肥藥或是把一餐換成流質食品。利用水果與水分的攝取，以天然的東西調整身體狀況。

PART 4

不再出包的
辦公桌整理法

要用的資料總是找不到、工作效率很差、經常出錯⋯⋯。
這些惱人的問題，只要把辦公桌整理好，馬上就能獲得解決！
祕書、女業務、廣宣⋯⋯工作上注重高效率的女性，她們的辦公桌都很整齊。
因為她們都掌握了「丟」、「收」、「整理」的重點。
另外，本章也要公開豐田汽車（TOYOTA）內部的整理方法。只要好好運用，
忙碌的時候就不會因老是被上司問「咦，那個在哪裡？」而感到心煩意亂。

優秀的辦公桌＝乾淨整齊的辦公桌

減少失誤發生，整理辦公桌的3大原則

桌上東西一堆、要用的東西找很久還是找不到，搞得自己很煩躁。本書將告訴各位如何把「傷腦筋的辦公桌」變成工作效率佳、不會出包的好幫手。

辦公桌周圍出現異常！

我們的辦公桌發生了這些大麻煩！

Trouble ❶

[要用的文件或資訊總是找不到！]

原因出在，不要的東西太多，不知道哪裡有什麼。工作效率差，容易發生失誤。

Trouble ❷

[重要的文件不小心丟掉或不見了！]

辦公桌不整理，重要文件易遺失或不小心丟掉。書面資料多的人請特別留意。

Trouble ❸

[工作效率相當差！]

工作空間不足、進入工作狀態得花不少時間、注意力不集中等狀況，也是沒整理辦公桌所致。

只要整理辦公桌就有這些好處！

 工作上的失誤減少

必要的物品擺在正確的地方，東西不見或拿錯文件的失誤就會減少。

 壓力或煩躁感消除

物品放在固定位置，不必花時間東翻西找，自然不會心浮氣躁。工作進展順利，心情也會很平靜。

 容易獲得周遭的信賴

「文件堆積如山的辦公桌，表示工作進度停擺」（齋藤小姐）。只要整理乾淨就能增加別人對你的信任感。

 時間變得寬裕

辦公桌整理好，工作也會變得有效率。工作起來游刃有餘。

每天上班都覺得心情很好！

5個習慣

\ 我們也在實行中！ /

每週1次，設定10分鐘的「整理時間」

善用辦公桌的人都會定期檢查物品或動線。先從每週1次花10分鐘丟掉不要的東西開始進行。

覺得「不好用」的地方先記下來

把「用起來不方便」的地方記下來，趁著每週1次的整理時間調整成方便使用的位置或方向。

定期檢查部門的共用物品

1個月只用1次的文具、整年都沒看過的資料等，拿出來讓部門共用，辦公桌會變得乾淨清爽。

桌上、抽屜裡……確認每天使用的東西

養成確認物品使用頻率的習慣，就會知道每項物品最適合的收納法或收納場所。整理好的辦公桌變得很有機能性。

沒在使用的物品放進「暫時保管區」

如果覺得檢查沒在用的東西很麻煩，將那些東西收進暫時保管箱是不錯的方法。等到裝滿了再一次檢查。

請教了這位專家

KOKUYO WORKSIGHT LAB.
主任研究員
齋藤敦子 小姐

齋藤敦子小姐
多摩美術大學畢業後，任職於KOKUYO，
在設計部負責辦公室設計、工作方式諮
詢。後來成立了針對新世代的工作型態與
環境進行研究的WORKSIGHT LAB.，協
助概念開發與實作支援。

回想工作流程是整理辦公桌的第一步

聽到整理辦公桌，一般人總認為「愈乾淨整齊愈好」。

不過，KOKUYO WORKSIGHT LAB.主任研究員齋藤敦子小姐的看法則是「辦公桌的整理方式要隨著工作內容改變」。

「有需要時能夠馬上拿出要用的東西，這是工作效率好、零失誤的辦公桌的基本」。

那麼，先來確認桌上的物品有無必要性。

話雖如此，在東西太多的狀態下，要把需要的東西收在正確的地方並不容易。

欲打造理想的辦公桌，回想工作流程，思考把什麼放在哪裡最方便是重點。不必急著立刻完成。慢慢改變東西放的地方或放的方式，將辦公桌整理成你心中的舒適狀態即可。

\ 失誤變少！/

重點就是這3點！

透過「丟」、「收」、「整理」
工作起來更有效率&減少煩躁感！

\ 工作得心應手！/

先用檢測表進行判定
你的辦公桌
為何亂糟糟？

勾選符合的項目，最後統計總數。勾選項目最多的那一組，就是你整理辦公桌時應該優先處理的重點。若出現項目數量相同的情況，依「丟」→「收」→「整理」的順序，從優先順序高的著手。

A
- ☑ 桌上東西多到快滿出來
- ☑ 不知道哪些文件要留、哪些可以丟
- ☑ 辦公桌上或抽屜裡有完全未使用的資料
- ☑ 想到「之後可能會用到」就無法丟掉文件或刪除檔案
- ☑ 辦公桌上或抽屜裡有很多重複的資料

合計 ___ 個

B
- ☑ 經常忘記自己本來要做什麼
- ☑ 要用的東西每次都得找很久
- ☑ 經常覺得文件或文具很難拿
- ☑ 結束了一個工作後，要做下一個工作前總是提不起勁
- ☑ 不清楚哪個文件夾裝了什麼資料

合計 ___ 個

C
- ☑ 努力打掃過後，辦公桌上或抽屜裡很快就變得亂七八糟
- ☑ 經常發生「應該放在某處的東西卻找不到」
- ☑ 工作總是接二連三地來，無法靜下心工作
- ☑ 辦公桌上時常處於工作中的狀態就下班
- ☑ 同時進行多項工作的情況很常見

合計 ___ 個

A較多的人……
「不知道如何丟」

這類型的人總是習慣撿東撿西。不要的東西會妨礙你找真正需要的東西。「將丟東西的規則貼在辦公桌周圍，定期確認檢查。」

B較多的人……
「不知道如何收」

這類型的人不懂得把東西以方便使用的方式收在正確的地方。確認一下常用物品是否放在容易拿取的地方、擺在顯眼的位置。「使用收納盒或書擋，收東西就會變得很輕鬆。」

C較多的人……
「不知道如何整理」

很難做到「物歸原處」，就算把辦公桌整理成方便使用的狀態，很快就打回原形。在每天的工作中養成整理的習慣，督促自己遵守收納的規則。

1天3分鐘 先從這兒開始

HINT 1 半年以上未使用的東西，1天「丟掉」3個

利用工作空檔，從桌上或抽屜裡選出3個已經超過半年沒用的東西丟掉。一再重複這麼做，不要的東西就會減少，辦公桌只會有真正需要的東西。

HINT 2 書面文件或資料，設定「丟的規則」

書面文件擱著不管會愈積愈多。「企劃書放2個月就丟掉」、「客戶資料在簽約後處理掉」，像這樣定下規則，記在手帳等處提醒自己。

1天3分鐘 先從這兒開始

HINT 1 將抽屜裡常用的物品移至外側

通常東西放在抽屜外側比較方便拿取、收納。只要把常用的物品放在那裡，工作效率就會大幅提升。不常用的物品自然愈放愈裡面。

HINT 2 桌上的文件立著放

將書面文件平放在桌上，重要文件容易遺失。收進文件夾立起來放，不但方便拿，馬上就能知道哪裡有什麼。

1天3分鐘 先從這兒開始

HINT 1 下班前，桌上的物品放回原處

離開公司前，把當天用過的東西放回固定位置，就能維持辦公桌的最佳狀態。隔天工作起來很順利又能減少失誤的發生。

HINT 2 工作結束後，隨即整理桌面

結束一個工作、準備開始下一個工作前，先整理桌上的東西。這麼做可避免不同類別的資料混在一起的情況，也能重整心情面對下一個工作。

工作效率絕佳的3位女性，辦公桌抽屜大解析！

每個人最適合的辦公桌整理法依工作內容而異。本書採訪了3位不同職業、工作相當有效率的女性，請她們分享工作不出包的辦公桌整理法。

CASE 1 ▶ 祕書

利用「貼」、「掛」、「藏」3招讓工作空間變得很寬敞！

祕書的工作煩惱
①業務範圍太廣，東西超多
②無法立刻判斷老闆的文件是否要保留

整理後改善了！
①不必花時間找東西！
②重要文件馬上就能找到

整理高手就是她！ | c-conect
花田繪美小姐
（30歲、IT、祕書）

能拿出來的辦公桌

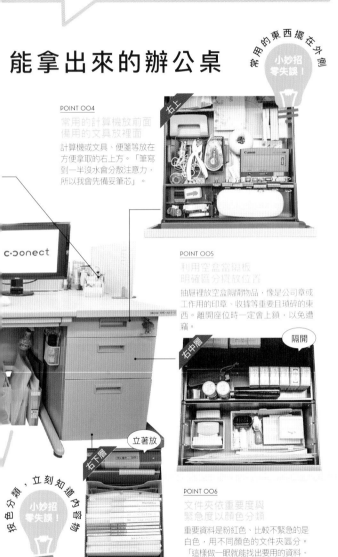

常用的東西擺在外側　**小妙招零失誤！**

POINT 004
常用的計算機放前面偶用的文具放裡面

計算機或文具、便箋等放在方便拿取的右上方。「筆寫到一半沒水會分散注意力，所以我會先備妥筆芯」。

右上

POINT 005
利用空盒當隔板明確區分擺放位置

抽屜裡放空盒隔開物品，像是公司章或工作用的印章、收據等重要且瑣碎的東西。離開座位時一定會上鎖，以免遭竊。

右中層　隔開

POINT 006
文件夾依重要度與緊急度以顏色分類

重要資料是粉紅色，比較不緊急的是白色，用不同顏色的文件夾區分。「這樣做一眼就能找出要用的資料，立刻取出」。

按色分類，立刻知道內容物　**小妙招零失誤！**

右下層　立著放

便利貼貼在筆筒上　**小妙招零失誤！**

常用的東西一起收在3段式的小筆筒

POINT 001
按照高度擺放文具方便拿取

右

前　貼

POINT 002
橡皮筋掛在夾子上隨拿即用真方便　掛

在筆筒的側邊夾2個長尾夾，把橡皮筋掛在那裡，要用的時候馬上就能拿到。

POINT 003
便利貼固定的收納位置貼在筆筒側面

將容易弄丟的便利貼貼在筆筒上。大小有2種，分別貼在正面和側面。

在經營EC網站的c-conect擔任社長祕書的花田繪美小姐。她的工作內容很繁瑣，包含社長的行程安排、財務資料的製作、連絡稅務師等，因此手邊的東西愈來愈多。

「社長的文件裡，有時會夾雜看似不需要的便條紙，上面卻有重要的留言，我實在很難決定要不要丟」。

這時候，交給暫時保管盒處理。「好像不需要卻不敢丟」的文件先收好，向社長確認後才丟。結果，不再發生不小心丟錯東西的情況。

桌上「只放工作會用到的東西」是花田小姐的原則。「桌上隨時保持能放2張A4紙大小的空間。寬敞的空間，讓我能夠專注於眼前的工作」。

她還在置物櫃裡放了藥物、縫紉工具、伴手禮等。「準備那些是為了別人有需要時，可以馬上伸出援手。同事都叫我『辦公室的阿母』」（笑）。

為了專注於眼前的工作，必要文件之外的東西收起來

You are the Desk Queen!

1天3分鐘

整理	收	丟
下班前重新檢查 整理力 天天進步！	依照重要度等 以顏色區分 看起來一目瞭然	不需要的文件 也先放入 「暫時保管箱」
每天下班前一定要預留整理辦公桌的時間，檢查有沒有使用不便的部分，思考改善方法。	用顏色分類，透過視覺效果的提醒，一看就知道內容物是什麼。	文件不要馬上丟，先收進暫時保管箱。和正在處理的文件分開放，以免混在一起。

POINT 013
夾子或貼紙
用袋子分裝

常用的東西擺在外面

個別裝袋

小妙招 零失誤！

祕書必備 人前不失禮 的儀容小物 一應俱全！

有訪客或要分點心給同事時，相當好用的餐巾紙或懷紙（日本人隨身攜帶、用來擦拭的和紙），用平價商店的透明小袋分裝。多準備幾種，配合季節或對象分開使用。

POINT 014
立著放

新絲襪之類的
備用品
立著放在籃子裡

絲襪或藥物、縫紉工具等，臨時有需要的東西也有準備。

POINT 015
吊掛

摺疊傘
掛在
磁吸式掛鉤

把摺疊傘掛在磁吸式掛鉤上，打開置物櫃就會看到，外出時馬上就能拿很方便。

POINT 016
因應臨時的拜訪
事先備妥贈品

個別準備女性用與男性用的小東西當成禮品，如手帕或領帶。

現在要用的東西，1秒就

POINT 008
桌曆用夾子
夾在隔板上

為了增加桌面的使用空間，桌曆不擺桌上，用長尾夾固定在隔板。

POINT 007
常用的文具固定
放在「右側」

常用的文具裝進自購的筆筒裡，擺在順手的右側。

POINT 009
離開座位時，處理中的資料
收進左上層的抽屜！

處理中的文件收進抽屜

小妙招 零失誤！

這個部分平常會空出來，離開座位或要進行別的工作時，先把處理到一半的資料放在這裡。「不要全部放在桌上，免得資料搞混」。

左上

中央

藏

POINT 010
重要的鑰匙裝在
小紙袋妥善保管

椅子必須往後挪才能打開的中央抽屜，裡面是放隨身鏡、名片、香膏等物品。「辦公桌的鑰匙裝在小紙袋收好」。

POINT 012
收在腳邊

文件丟掉之前
先收入「暫時保管箱」

覺得不需要的文件先不丟，放進桌子右下方的「暫時保管箱」，定期向社長確認，真的不需要才丟。

机の下

磁吸小物

利用磁吸小物增加收納

小妙招 零失誤！

POINT 011
將備用品放在
磁吸式筆筒裡

把磁吸式筆筒擺在桌下抽屜的側面，放備用的筆芯與噴霧式化妝品等（詳細說明請參閱p.45）。

CLOSE UP!

臨時接到電話也能立刻回應的整理絕招

1天3分鐘	整理	收	丟
	結束1項工作之後馬上整理桌面	用顏色與編號區分＆建檔顧客的文件	書面資料或名片做成公司內部共用的電子檔
	工作結束後，立刻整理資料，讓桌面呈現沒有雜物的狀態，同時防止其他公司的資料混在一起。	以顏色與編號區分顧客，分類資料或名片。這麼做一目瞭然，遇到顧客的詢問，馬上就能回應。	容易囤積的資料或名片，掃瞄成電子檔。存在公司內部共用的伺服器，減少書面文件的量。

整理高手就是她！ | FORCIA
津谷薰子小姐
(26歲、IT、業務)

業務的工作煩惱

①顧客、案子多，資訊總是很混亂
②常會接到臨時的電話、電郵詢問

以顏色分類＆個別編號輕鬆解決問題！

抽屜裡的東西「不亂放」、「不重疊」是我的原則

POINT 004
將空的透明文件夾統一收在這個抽屜
在右上方的抽屜只放空的文件夾！「拿來整理文件。收在右上方，整理時立刻就能取出使用」

右上　只有文件夾！

舒心的tsum tsum娃娃

POINT 001
雙月份的桌曆節省翻的時間
桌曆是當月與下個月的雙月份設計。「和顧客通電話討論行程時，不必翻來翻去很方便」。

使用雙月份的桌曆　小妙招零失誤！

POINT 002
工作會用到的東西擺在最好拿的右上方
筆、名片等工作常用的物品放在順手的位置。把自己的名片平放就知道還剩幾張。

右上　排列平放，容易掌握剩餘量

吊掛

POINT 003
以前的筆記本或研習時用過的資料立起來放
以前研習用過的資料或契約等，現在很少使用的資料統一收在這裡。只要立著放就不會忘記資料的存在。

右中央　全部立著放

待辦事項的清單貼在抽屜裡　小妙招零失誤！

中央　注意！

POINT 005
「貼」在抽屜裡避免弄丟待辦清單
待辦事項的清單寫在便利貼上，貼在抽屜裡就不會佔用桌面的空間。計算機或新的便利貼等常用的物品也放在這兒。

右下　按色分類！

POINT 006
正在處理的案子的資料夾擺在最外側
用檔案盒區分客戶的資料，再把不同的案子裝入透明文件夾。處理中的文件放在最外側。

用企業的代表色分類　小妙招零失誤！

POINT 007
配合企業的代表色使用同色的文件夾
決定好企業的代表色，只要使用該色的文件夾就知道資料擺在哪裡。

注意！

POINT 008
決定好顧客的編號分類備忘錄與電郵
將顧客個別編號，寫在筆記本的索引或設定成電子郵件的標籤，這樣很容易區別。

在系統開發公司FORCIA擔任業務的津谷薰子小姐，目前負責的公司有4家。經常得和同一個客戶進行多件案子，手邊的資料量很可觀。

為了避免搞混，津谷小姐想到的方法是，用顏色及數字區分客戶，例如A公司是01＋藍色、B公司是02＋粉紅色……等。

「整理資料用的文件夾是代表企業形象的顏色，電子郵件以數字排序。這樣可以節省找的時間，就算臨時被問到，也能快速給予回應」。

將每位顧客的資料細分成不同案子，裝入透明文件夾收好。結束一個案子就著手整理。

「把完成的案子的資料做成電子檔，免得資料塞滿抽屜」。

用顏色及數字分類節省找資料的時間

CASE 3 ▶ 廣宣

坐著就能拿到所有東西的『神速』辦公桌！

廣宣的整理規則

整理	收	丟
1天3分鐘 「桌面凌亂＝心有雜念」。下班前一定會整理	文件夾＋便利貼讓必要的文件變得一目瞭然	用「便利貼」判斷東西是否該留
這是前公司的上司說過的話，我一直銘記在心。辦公桌乾淨整齊，內心也會沒有雜念，保持冷靜的態度面對工作。	在文件夾上貼動物的便利貼，馬＝廣宣相關、貓＝人事相關等，看到動物的圖案就能知道內容物。	每週把沒使用的東西貼上紅色便利貼，只保留眼前工作真正需要的東西。

整理高手就是她！　PIALA
Heidarpour Andvari Siva 小姐
（26歲、廣告、廣宣）

廣宣的工作煩惱

①書面資料非常多
②不需要的東西一直增加

→ 高度收納法＆便利貼解決問題！

這樣的擺放方式，要用的東西輕輕鬆鬆就能取得

常用物品擺在最外側

POINT 006
常用的文具平放擺在外側
常用的文具放在抽屜最上方。經常使用的長尾夾和便利貼刻意平放，要用的時候馬上就能拿出來。

物品之間保留空間
小妙招零失誤！

POINT 001
同事可能會用到的資料放在辦公桌的左側
雜誌或型錄等，與客戶洽談時可能會用到的資料放入檔案盒，擺在辦公桌的左側角落，其他同事要用時也能馬上使用。

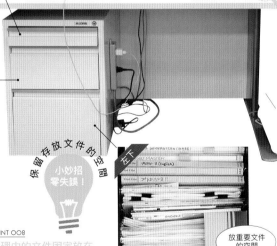

配合資料的種類，使用不同的便利貼

POINT 007
書或藥物、點心等偶爾用的東西要收好
中間的抽屜是放偶爾用的東西＆給同事的東西。適合工作的書或點心、藥物、備用口罩等物品立起來放。

POINT 003
使用中的資料立起來擺在右側
每天工作要用的資料放在辦公桌右側。伸手就能拿到，工作起來很有效率。

常用的東西統一擺在右側

增加高度，拿起來更方便
小妙招零失誤！

POINT 002
每天使用的文具放在略高的位置
以前要拿放在比較後面的文具都要起身，只要增加8cm左右的高度就不必改變姿勢，輕鬆拿到要用的東西。

保留存放文件的空間
小妙招零失誤！

POINT 008
處理中的文件固定放在「最外側」，刻意空出這裡
最下層的抽屜是放文件與資料。想保留的資料往裡面擺，讓處理中的文件有足夠的空間收納。

放重要文件的空間

POINT 004
給同事的點心零食放在顯眼的位置
廣宣的工作需要其他部門的協助。為了維持良好的人際關係，我都用點心博感情。擺在顯眼的位置，方便同事取用。

POINT 005
透明抽屜的「可視化收納」
使用透明的抽屜，節省找東西的時間，3個抽屜由右而左依序是放除塵刷、唇蜜、修正液。

常用的物品擺在高一點的位置方便拿取

在行銷支援公司擔任廣宣的Siva小姐說，「找東西的時間只是在浪費時間。把辦公桌整理成能在最少時間內找到需要物品的狀態，這樣工作起來才有效率」。

常用的東西固定放在右側的區塊。當中很常用的文具擺在略高一層的位置比較好拿，像這樣隨處可見收納巧思。

「隔著筆電也能輕鬆拿到要用的東西，省下不少時間」。

桌上不堆放物品的祕訣是，用「紅色便條紙」分類的習慣。「每週的第一天把超過一週沒用的東西貼上紅色便條紙，再放一週還是沒用就處理掉。抽屜裡的文件也是每個月檢查一遍」。

前往名古屋，請教正宗的「TOYOTA整理術」！
今後不必找東西、不再弄丟東西
TOYOTA式「無敵整理術」完整公開

你的辦公室有經常整理嗎？你知道備品或庫存放在哪兒嗎？本書為了無法回答「是」的人，特地前往名古屋向專家請教TOYOTA汽車自創的整理方法，有創意又合理，相當值得學習。

減少找東西的時間　工作效率確實提升

正在忙的時候，被上司問到「那個東西放在哪裡？」，頻頻打斷工作，真的很煩，各位是否也有過這樣的經驗？整個部門亂七八糟沒整理，看了就覺得很有壓力……。不過，該從哪裡著手進行呢？

於是，本書前往名古屋的顧問公司OJT solutions，尋求專家的意見。該公司是由曾任職於TOYOTA汽車、擁有超過40年現場經驗的資深員工擔任指導員，提供各種職場的業務改善方案。

負責培訓後進指導員的前TOYOTA員工山田伸一先生說，「其實TOYOTA最重視的就是整理。業務上的問題點也是如此，不整理就無法發現。只要整理，效率就會提高、產生成果」。來自世界聞名的汽車製造公司的技術，在辦公室裡也能發揮極大的效用。「找東西的時間毫無生產力可言。只要整理好，對自己和公司都有好處」。

請教了這位專家

OJT solutions 指導員支援組 顧問
山田伸一先生（71歲）

1963年進入TOYOTA汽車，曾任職於機械部，在堤工廠負責引擎部分等的製造。曾是擁有超過300名部下的現場主任，後來轉換跑道，以豐富的經驗培訓後進的指導員。

任職於TOYOTA約40年的資深現場主任

TOYOTA式整理術讓工作產生變化！

● **空間變得寬敞**
辦公桌上或辦公室裡不再有「不用的東西」，工作空間或共用空間相當充足。

● **時間變得充裕**
立刻就能拿到要用的東西，工作效率提升，不會被時間追著跑。

● **工作變得輕鬆**
同事都知道備品放在的地方、何時需要補充，減少處理問題時耗費的心力與時間。

● **減少失誤**
根據員工共通的規則進行整理，遺失或弄錯的情況自然不易發生。

從今以後 不必花時間找東西的3步驟

辦公室也清爽利落

STEP 1 ☒ 整理

整理需要與不需要的物品
「日後會用」的東西必須設定期限

整理物品時，必須設定基準來判斷是不是現在需要的物品。首先，根據使用頻率分為以下3類。「日後會用的物品」是東西變多的原因，盡可能不要囤積保留。

依使用頻率分為以下3類

許久未使用的物品	日後會用的物品	現在要用的物品
⇩	⇩	⇩
丟掉	**放在共用空間管理**	**放在桌上**

1年前的資料或活動結束後剩下的商品等，今後不會使用的物品，別猶豫快丟掉。「暫時保留」的東西問清是何時會用，時間過了就處理掉。

一週要用好幾次的文具或備品收在共用空間。「不知何時會用的東西一定要訂出保管期限，時間到了再來判斷是否需要留」（山田先生）。

每天都要用的東西擺在附近，常用的東西擺在方便拿取的地方。像是把記事本和筆筒放在右側，以最小的動作拿到需要的物品。

STEP 2 ▣ 整頓

＼放在哪裡、放回哪裡，一目瞭然！／
所有的「物品」都有固定位置

每週～每個月使用1次的物品，放在收納架或檔案櫃，每半年～1年使用1次的物品，收進資料室或倉庫。
各項物品都有明確的位置後，所有人都知道哪裡放了什麼、量有多少。

檔案櫃 ≫

idea 01
標籤做成
A4大小×放大字體

> 字體放大，任何人都能看得很清楚！

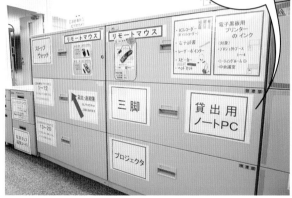

多數人使用的物品，決定好保管場所，養成用完後必定物歸原處的習慣。「以『不知道的人也能馬上找到』為基準，就整理得方便好找」。在檔案櫃上貼A4大小的標籤，用大字標示內容物。

---

idea 02
檔案櫃高度低於
視線的話比較好用

檔案櫃的理想高度是及腰。這樣的高度也方便女性查看內容物。

> 馬上就能拿出來！

> 直立收納「超」一目瞭然

idea 03
舊檔案盒重新利用
變成隔板

變舊的檔案盒拿來當作隔板，直立收納物品。

> 省錢又方便的收納技巧！

idea 04
紙杯是相當好用的
收納幫手

小物類放回固定編號或英文字母的紙杯，防止遺失。

重點妙招！

idea 05
被誰拿走、
用到何時清清楚楚！

利用借還記錄簿
確實做好管理

使用備品時，在表單寫下部門名稱、姓名、期間，方便其他人知道備品的去向。

部門的備品放置場所 ≫

idea 06
TOYOTA傳統的「填空擺法」

> 東西應該放哪裡，一看就知道！

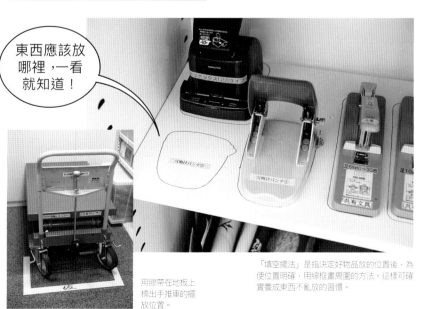

用膠帶在地板上標出手推車的擺放位置。

「填空擺法」是指決定好物品放的位置後，為使位置明確，用線框畫周圍的方法。這樣可確實養成東西不亂放的習慣。

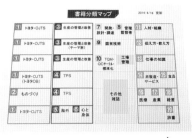

> 縮短了
> 找書的時間，
> 方便省事！

idea 07
在書架中央放置指示圖

有了指示圖就知道書放在哪裡，看完後也能快速放回原處。

idea 08
在書架中央放置指示圖

有了指示圖就知道書放在哪裡，看完後也能快速放回原處。

書架

> 想看的書馬上就能知道放在哪裡！

倉庫

庫存或1年只用幾次的物品，標記負責人，放在倉庫或共用空間管理。

保存的物品全部裝箱，寫出負責人與保管期間妥善管理。

idea 09
在紙箱與架子上做編號，固定擺放位置

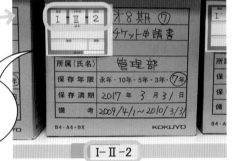

架子做編號，決定好每個紙箱放的位置，制定隨時放回原處的規定。

> 照著編號放回架上，就是那麼簡單！

idea 10
標出保存期間、部門、負責人

暫時收在倉庫的東西，放大字體標示「內容物」、「保存期限」、「負責人」，貼在顯眼的位置。

idea 11
將紙箱開口斜切的絕妙撇步

為了能從上方看清楚內容物，配合視線的高度，改變箱子「開口」的傾斜度。

> 從上方就能看到內容物！

重點妙招！

idea 12
備品不短缺、不剩餘的訣竅

插入「補貨」提示卡，任何人一看就知道何時該補貨，然後馬上通知負責訂貨的人。「這麼做可減少不必要的庫存」

> 到這裡表示該補貨囉！

辦公桌只放現在會用的東西

山田伸一先生上班時，桌上只放筆電和電話。文件和筆收在抽屜裡，要用的時候才拿出來。

> 這就是帶領過300位部下的前TOYOTA現場主任的辦公桌！

與其他部門共通的資料放在左邊的抽屜。

中間的抽屜放「今天要用的文件」。

將各個企劃案的資料平放在右邊第2個抽屜。

筆或常用的文具、個人印章、名片等放在右邊最上層的抽屜。

TOYOTA式辦公桌實例！

辦公桌只放現在會用的東西是TOYOTA式的鐵則。沒在使用的文件或資料收進抽屜。腳邊不放包包之外的物品。

經營企劃部的岡內彩小姐（左）與菅原YUKARI小姐（右）、管理部的山本浩代小姐（中）也正在實行TOYOTA整理術。「我也有給上司建議喔！」（岡內小姐）。

STEP 3 ⊠ 維持

\ 不再被人說，你去整理一下！/
「不必打掃也OK」的整理妙方

為了維持整頓好的辦公室，整個部門的人都要養成整理的習慣。把打掃器具放在容易取得的地方、共用櫃架標示管理負責人的姓名等，大家共同維護職場整潔，自然不會為了打掃心生不滿。

---

idea 13
檔案櫃貼上
管理負責人的名字

> 負責人是誰，大家都知道（汗）

部門共用的檔案櫃，標出指定的負責人，由負責人負起責任妥善管理。

---

idea 15
向左走向右走，隨處可見「整理小叮嚀」

> 大家一起遵守規定

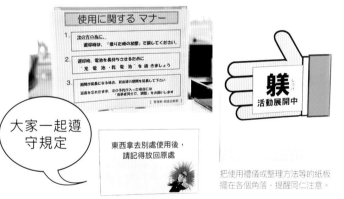

把使用禮儀或整理方法等的紙板擺在各個角落，提醒同仁注意。

---

idea 14
將打掃器具
掛在牆上的
「展示」收納

將打掃器具掛在辦公室顯眼位置的牆面。「就連部長也會順手拿來打掃喔」

> 掛在牆上，方便好拿！

---

idea 16
為上司的「整理表現」臨時抽查打分數！

使用「互相觀察表」，不必顧慮上司、部下的關係，客觀檢查辦公桌的整理狀態。

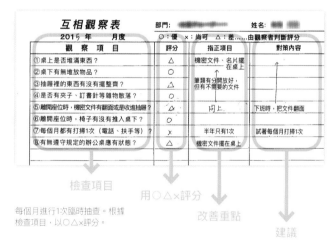

互相觀察表	部門：	姓名：

2015 年 月度	○：優 ×：尚可 △：差……由觀察者判斷評分		
觀 察 項 目	評分	指正項目	對策內容
①桌上是否堆滿東西？	△	機密文件、名片擺在桌上	
②桌下有無堆放物品？	○		
③抽屜裡的東西有沒有擺整齊？	△	筆類有分開放好，但有不需要的文件	
④是否有夾子、訂書針等雜物散落？	○		
⑤離開座位時，機密文件翻面或是收進抽屜？	△	同上。	下班時，把文件翻面
⑥離開座位時，椅子有沒有推入桌下？	△		
⑦每個月都有打掃1次（電話、扶手等）？	×	半年只有1次	試著每個月打掃1次
⑧有無遵守規定的辦公桌應有狀態？	△	機密文件擺在桌上	

檢查項目 ← 用○△×評分 ← 改善重點 ← 建議

每個月進行1次臨時抽查。根據檢查項目，以○△×評分。

各部門的「辦公桌應有狀態」對照表範本

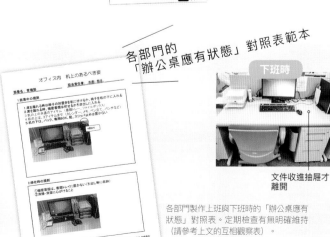

各部門製作上班與下班時的「辦公桌應有狀態」對照表。定期檢查有無明確維持（請參考上文的互相觀察表）

下班時

文件收進抽屜才離開

工作中

除了包包不放其他物品

保留放顧客資料的抽屜

指導員支援組經常要處理顧客的資料。公司外部的機密文件放入檔案盒，下班時收進抽屜裡。

指導員支援組

工作中會用到的文件

管理部

使用多層文件架

常用的文件放在順手的方向

管理部有很多使用說明類的文件，用檔案盒及4層文件架收納。常用的物品擺在順手的方向。

辦公桌的整理訂立各部門共通的規則

受用無窮的終極分類術
「老是找不到要用的資料夾！這時候請這樣做」

要用的文件怎麼找都找不到，真的好煩好困擾，你是否也有過這樣的經驗？原因就出在，保留了太多文件。好好學習專家傳授的正確分類法，有需要的時候馬上就能取得想要的資料喔！

向堆滿文件的辦公桌說再見！
立刻就能拿到手的文件分類術
3STEP

STEP 1

丟掉一半的文件

「辦公桌未整理的文件將近一半都不需要」（小野小姐）。不需要的文件就丟掉。部門內共用的書面資料做成電子檔或是收在共用的櫃子，減少空間的浪費。

這些文件可以丟了！

- 放了超過1年都沒有使用
- 電腦內有共用的資料
- 已經結束的專案
- 之前的人交接下來、往後不會再用的文件
- 同一部門內，好幾個人都有的相同文件
- 已完成最新內容更新的資料

立刻找出必要文件的分類方法

使用這些物品！

檔案夾（厚）
單一專案的大量資料、用長尾夾固定的文件等，無法用普通檔案夾整理時，就用這個。

檔案夾（薄）
用來收納文件，方便又不佔空間。大概可放80張紙，相當好用。

透明文件夾
用來暫時保管未處理的文件，或是管理不同案子的少量文件。

檔案盒
統整檔案夾的收納箱。「可收進櫃子或抽屜，要用時可連同箱子一起取出使用」

標籤貼紙
當作檔案夾的標記。相關的檔案夾用相同的顏色，一看就知道，馬上找得到。

索引卡
分類用的隔板。把相關的檔案夾放在一起，插入這個當標記，找的時候就很容易。

CHECK!
有沒有這樣的情況？

- ☑ 堆在桌上的文件高度已經超過1cm
- ☑ 要用的文件總得花上超過1分鐘的時間找尋
- ☑ 不清楚桌上到底擺了哪些文件

堆積如山的文件依照規則進行分類

「明明擺在桌上，就是找不到那份文件」、「好不容易拿到的資料，卻忘了放在哪兒……」，各位也遇過類似的情況嗎？

分類指導員小野裕子小姐說，「無法馬上找到用的文件，那是因為桌上或抽屜裡的文件數量太多。根據某項調查，辦公室裡可以丟掉的文件約佔50%」。

小野小姐也提到，要整理辦公桌上堆積如山的文件有2個方法。首先，訂定整理文件的規則，例如文件的保留期間或分類方法等，進行分類。然後，業務上的文件基本上由部門共有。

接下來為各位介紹的是「判斷文件的必要性」、彙整並規格化」的分類方法。

「學會正確的分類術，任誰都能打造有效率的工作環境」。請各位好好學習，讓辦公桌變成不浪費時間、不發生失誤的好幫手。

AFTER

文件馬上就能取出，工作效率變好，工作失誤減少！

CLEAN UP!

BEFORE

你的辦公桌也是這副模樣嗎？

文件不斷地增加！

要用的文件找不到

看了覺得好煩……

定期檢視文件的重要度進行清理

STEP 3

「根據專案的進度，有些文件會變得不需要，或是不符合原先的分類」。定期檢視，丟掉不需要的文件。

Q 何時進行檢視？

A 依文件的種類而異

・年度文件→年度末
・資料→專案結束時
・企劃書→企劃結束時
・契約→契約結束時

RULE

趁著年度末的並新時期丟掉，遵守公司的內部規定。若公司沒有特別規定，請自己設定期限。

將必要文件分類整理後收納保管

STEP 2

1 區分文件

分為「個人的資料或文件」、「共用文件」、「處理中的文件」。

2 分類整理

活用透明文件夾或檔案夾統整分類好的文件（請參閱下文）。

分法重點

個人使用的資料或文件	自行收集的工作用參考資料，只限自己用的文件。
部門內共用的資料或文件	細目表或手冊等共用的書面資料，做成電子檔或收在文件櫃。
正在處理的工作資料或文件	製作中的企劃書、未處理的帳單等，正在處理的文件用專用檔案夾收好。

04

放進檔案盒

相關的檔案夾一起放進檔案盒。方便整理的數量是15本以內。正在處理的文件擺在最外側。

迅速找出的重點
● 最外側是處理中的文件
● 1個檔案盒放的檔案夾數量控制在15本以內

03

用檔案夾收納透明文件夾

把透明文件夾放進檔案夾。新的文件固定擺在最上方，使用的時候一看就知道。

迅速找出的重點
● 新文件擺在最上方
● 1本檔案夾大概放5～10個透明文件夾

02

透明文件夾依種類分類

假設是以地區，如「○○區」做分類，將透明文件夾再次分類，收進檔案夾。用不同顏色做索引，找起來更方便。

迅速找出的重點
● 標題要統一
● 用不同顏色的標籤區分

01

在透明文件夾貼標籤

將文件內容寫在貼紙或便利貼上，貼在透明文件夾的右上方。例如「新客戶開發」的相關文件，寫上公司名稱或店名。

迅速找出的重點
● 貼上標籤
● 使用透明文件夾

輕鬆完成資料夾的整理 照片上傳至雲端

「找不到要用的資料……」

即刻上手的資料夾整理法

根據本書的問卷調查，除了實體物品，「家裡或公司的電腦檔案」、「存檔很多的照片」是多數人最想整理的東西！

接下來，就讓電腦高手教教各位短時間內迅速整理好檔案的絕招。

超簡單 透過3要點，讓電腦用起來更方便

HINT 1

大前提——資料夾分類

將檔案存入資料夾保存，但不要建立太多資料夾。

資料夾＆檔案的○與×

HINT 2

不知如何分類的檔案歸入暫時保管資料夾

照片以活動區分，用資料夾管理

檔案名稱盡可能具體

不知道該存哪兒的檔案，先歸入暫時保管資料夾。檔案名稱具體描述，別太簡短。

HINT 3

圖片檔全部上傳至雲端硬碟

傳到Google相簿、同步備份

把存在電腦的照片，用手機拍下來的照片放到網路上統一管理。

HINT 1 START

遍尋不著！利用資料夾管理解決你的煩惱

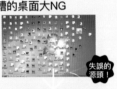
✕ 亂七八糟的桌面大NG
失誤的源頭！

○ 圖示數量控制在2列
清爽俐落

桌面的圖示控制在○列就好，像這樣自訂規則。「最好是1列。再多也不要超過2列，這樣找起來比較方便」。

工作得心應手

資料夾管理的3準則

① 檔案不存在桌面
文件與圖片不要隨便存！依照內容，存入指定的資料夾。

② 以3層資料夾分類
一般文件可以做3段式的整理：種類、對象、何時（時期）。「如下圖所示，建立3層資料夾，分類管理檔案」。

企劃書	估價單		第1層
A公司 B公司	C公司 D公司	檔案 ✕	第2層 · 3層資料夾內只有資料夾，不放其他檔案
	1月 2月 3月		第3層 · 檔案的管理都在資料夾內進行

3層是分類的重點。回想一下你平時怎麼找檔案，「習慣用檔名找的話，第1層以種類設定，如『估價單』等。如果是用公司名稱找，設定像『A公司』之類的明確名稱，找起來就會很方便。上圖是「估價單」內又分成「○公司（對象）」、「△月（時期）」的範例。「自定規則整理檔案，自然減少找不到檔案的壓力」

③ 檔案超過7個時，建立新的資料夾
資料夾裡別存太多檔案，假如檔案超過7個，請再建立新的資料夾。

HINT 2

不知如何分類的檔案歸入暫時保管資料夾

照片統一歸入圖片資料夾

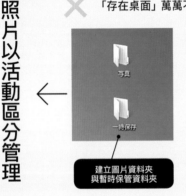
✕ 「存在桌面」萬萬不可！

建立圖片資料夾與暫時保管資料夾

在桌面建立「暫時保管」資料夾，把不知如何分類的檔案放到那裡。每隔1週或1個月檢視內容，移到更適合的資料夾或刪掉。圖片與影片存入「圖片」資料夾。

照片以活動區分管理

✕ 「時序」檔名不OK
2013 2014 2015

○ 「活動名稱＋年份」最理想
引っ越し2013 上野飲み会2014 同窓会2015

將數位相機的照片存進電腦後，有時會自動出現時序名稱的資料夾，如「2015」等。這樣其實不太好找，「照片請以活動名稱分類」。像是「同學會2015」等，在活動名稱後加上年份。

檔案名稱盡可能具體

✕ 描述不明確是NG檔名。
○ 具體描述旅遊地點或工作內容等。

旅行 ✕ ／ 旅行 (1) ✕ ／ ○○旅行詳細行程表 ○
簡報 ✕ ／ 簡報 (2) ✕ ／ ○○百貨公司提案書 ○

「旅行」、「簡報」這樣的檔名，看了很難馬上知道內容。就算檔名會變長，還是用具體的名稱（旅遊地點、工作或客戶名稱）比較好。例如，「○○旅行詳細行程表」等。這麼一來，不用開啟檔案也能知道內容。

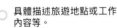
檔案（5）
○○百貨公司提案書
搜尋結果顯示
○○百貨公司

設定中文檔名，搜尋起來更輕鬆

建議用中文設定檔名，如上圖的範例，只要輸入「○○百貨公司」立刻就能找到。

84

利用資料夾、檔案名稱
提升使用電腦的便利性

商管書籍作家戶田覺先生說，「一般人總認為整理電腦的資料必須刪除檔案。不過，最近的電腦容量都很大，不知道該不該刪的檔案，還是可以先保留」。

可是，保留大量的檔案，找不到要用的資料會覺得很麻煩。「只要用的資料夾分類或改變檔案名稱，找資料時就會很輕鬆」。工作效率變好，也能減少失誤的發生。

以自己習慣的搜尋方式建立資料夾。「試著回想平時怎麼找文件、輸入怎樣的關鍵字。假如是用文件的種類搜尋，如估價單等，就用文件的種類建立資料夾。若是用公司名稱，就用公司名稱建立資料夾，然後再分類檔案」（請參考右頁的HINT 1、2）。

那麼，用手機拍的照片或存在電腦裡的照片該怎麼處理。「把照片全部上傳至雲端，輕鬆省事。建議使用免費且容量無限的『Google相簿』」（請參考下文的HINT 3）。拍好的照片會自動上傳、備份。「萬一電腦或手機故障，雲端硬碟內仍保有重要照片的檔案，這點很棒」。

請教了這位專家

商管書作家
戶田覺先生

AVANTGARDE代表董事。著有超過130本的職場工作書籍，包含IT領域、簡報技巧等。同時也是熟知電腦的頂尖高手，每年評論300種以上的機型。

免費無限容量的Google相簿 還能同步備份照片

雲端硬碟是指網路服務公司在網路上提供的檔案儲存空間。只要輸入ID或密碼等資料註冊成為會員，就能將手機或電腦裡的資料備份至雲端硬碟。備份的照片可透過電腦或手機瀏覽。以下為各位介紹的是，戶田先生推薦的★無限容量的「Google相簿」。

電腦拍的照片也能用電腦手機瀏覽

雲端硬碟

照片　照片

手機拍的照片也能用電腦瀏覽

手機　電腦

超簡單！照片上傳至雲端硬碟保存

HINT 3

STEP 3
手機的照片自動備份！

Google フォト
Google Inc.
安裝

使用App

「Google Play」→「APP Store」→輸入「Google相簿」下載。

安全にバックアップ
開始使用

NEW

點選上面的圖示，選擇「開始使用」。系統會自動幫您整理並加上相關標籤

備份與同步處理
次のGoogleアカウントを使用：
@gmail.com　ON
モバイルデータ通信を使用してバックアップ　OFF
Wi-Fiが利用できない場合
繼續

写真と動画のアップロードサイズ
● 高品質（無料、容量無制限）
　品質を保ちながらファイルサイズを節約します
○ 元のサイズ（残り14GB）
　元の解像度で保存します（保存容量を消費します）
戻る　繼續

「備份與同步處理」→「ON」→「繼續」。再選「高品質（免費無限儲存空間）」→「繼續」。這樣就能上傳手機裡的照片了。

2014年4月3日木曜日
2014年3月31日月曜日
2014年3月19

不光是手機拍的照片，也能瀏覽電腦裡的照片。

從電腦上傳的照片，也能用手機瀏覽喔！

STEP 2
上傳圖片檔

Google相簿頁面

ファイルをドロップするとアップロードできます

進入Google相簿後，拖放存在電腦裡的照片。

アップロード サイズ
写真や動画のアップロード方法を選択してください。ご希望の設定が保存されます。ヘルプを見る
● 高画質（無料の無制限保存容量）
　品質を保ちながらファイルサイズを節約します
○ 元のサイズ（保存容量残り 15 GB）
　元の解像度で保存（保存容量を消費します）
続行

點選

進入上傳大小的頁面，點選「高品質」即完成！

フォト
4月10日　2014年4月3日　2014年3月31日
2013年7月5日　2013年7月4日

照片會自動依照時間排列，以縮圖方式呈現，找起來很方便★。

照片上傳成功了！

STEP 1
連結至Google相簿
www.google.com

・免費
・無限容量
・圖片、影片保存專用

翻訳　選択　ブックス　ショッピング

Blogger　相片　アカウント

ドキュメント　連絡先

さらにもっと

登入Google帳戶。點選❶的圖示（Google應用程式），再選❷的「相片」。

沒有Google帳戶的人怎麼辦？

只要輸入ID或密碼 任何人都能使用

使用Google相簿必須有Google帳戶。Android手機用戶或Gmail用戶已可直接使用，輸入ID（Gmail）與密碼就能登入。建立帳戶是免費服務，沒有的人請上網申請。

Google
アカウント 1 つですべての Google サービスを。
Google アカウントにログイン

從Google首頁選擇「登入」，出現右圖後，點選「建立帳戶」。

點選

★「無限容量」此功能只限1600萬像素以下的相片，以及1080p的影片。在Google相簿刪除照片，存在電腦或手機的照片也會被刪除，這點請留意。建議各位不要在Google相簿刪除照片。要將電腦裡的照片自動上傳至Google相簿的話，必須安裝「電腦版上傳工具」。上文的操作說明是電腦的Windows 7、IE11作業系統，手機則是Android系統。iPhone的操作步驟幾乎相同。

PART

5

—

忙碌卻生活充實的人，
包包裡究竟
裝了什麼

—

包包裡裝了定期票、錢包、面紙……然而，想用的東西，當下就是找不到！
為了避免再遇上這般窘況，你該好好考慮養成整理包包的習慣囉。
「有的話應該很方便」、「說不定會派上用場」，
到頭來，包包裡的東西愈放愈多。
只要每個月做1次「包包斷捨離」，人生就會變得很輕鬆。
在零雜物的包包裡，放入下班後的休閒活動器具或利用空檔時間進修的書籍，
這些聰明用包的技巧一定要學起來喔！

上下班皆樂在其中的女性，隨身物品就是不一樣。善用時間、振奮心情etc. 本章將介紹陪伴12位在職女性充實度過每一天的包包內容物！

包包裡的祕密

首先是這6位善用時間的女性祕密就在包包裡！

想活用空檔時間、想兼顧工作與家庭……。關於「時間」的煩惱就交給包包解決吧！

通勤包

把披巾擺在包包的最上層，蓋住內容物。

UNTITLED的托特包

「如果帶2個包包，很容易忘東忘西」，基於這個理由，堅持不用輔助包。她很喜歡這個可以放很多東西的托特包。「如果是2天1夜的出差，帶這個包就夠了」。

包包&內容物加起來的總重量是 **4.2kg**

通勤包的價錢 約1萬5000日圓

長谷川直美 小姐
Rinnai林內關東分公司生活業務室

OFF

下班後去上瑜珈課活動身體
活用移動的空檔時間，準備TOEIC考試

長谷川小姐說「只要安排好下班後的行程，像是今天下班後要上課，自然會減少加班的情況」。隨時備妥下班與空檔時間能夠自我進修的東西。

 瑜珈 善用下班時間取得了教練證照！

將瑜珈服和濕紙巾放進包包隨身攜帶

為了緩解工作的疲勞，下班後習慣去做瑜珈。只準備必要的瑜珈服，放在包包裡隨身攜帶。

600g

 英語 為了提升工作能力利用空檔時間自修英語

文庫本大小的參考書相當方便

「即使遇到國外的客人也能簡單說明」，因而努力提升英語能力。文庫本大小的參考書很適合2～3站的移動距離。

「中村澄子小姐的《1日1分鐘練習！》系列（祥傳社）是文庫本的大小，每頁都有1個問題。搭電車的空檔時間就能翻閱，相當不錯」。

Q 上下班只想帶1個包包就好了！

A 「簡單打包必要物品」即可

包中包&環保袋 利用包包收齊隨身物品

任職於業務部，工作上得向企業進行商品發表、參加研習的長谷川直美小姐，在不同的職場奔波，加上經常外出，為了避免忘記帶東西，她利用包中包的方式統一管理工作用品。「可以省下找瑣碎物品的時間，工作變得很有效率」。

下了班，她會去上瑜珈課。「我只帶瑜珈服和濕紙巾，裝進小環保袋，放在通勤包內隨身攜帶。這麼一來，除非是很忙抽不出時間，我可以持續去上課」。順帶一提，長谷川小姐已經取得教練的證照。

下班後能夠從事自己喜歡的活動，進而提升工作的幹勁。

好想看！好想知道！
忙碌卻生活充實的人

還有這些妙招！
善用時間的祕密小物

眼鏡與隱形眼鏡盒

「雖然平常都是戴隱形眼鏡，使用電腦時還是戴眼鏡比較舒服」。眼鏡盒購自Flying Tiger。

別在手機套上的鑰匙

家裡的鑰匙別在手機套上

把家裡的鑰匙別在手機套的吊繩。「這樣放在包包裡就不會找不到，也不會忘記帶出門」。

工作上也實用的環保袋

「為了研發應用瓦斯爐的食譜，有時必須外出採買食材。買東西時使用環保袋，減少不必要的垃圾」。

外出使用也方便的平板電腦！

除了移動時用來收發電郵，也用來製作會議的議事錄。「用APP確認客戶的最新型錄，隨時更新資訊。」

女性業務的減物聰明妙招

ON

必要的資料或宣傳小冊，事前寄出

「取得對方同意後，事先寄送發表用的資料。這麼做不但能減少當天要帶的東西，也可避免數量不足的情況」。為了能提前寄出，自然會多預留製作資料的時間。

工作用品用包中包統一收齊
工作時擺在桌上備用

「平時都會拉上拉鍊，不管是放在包包裡或在公司內移動，裡面的東西也不會掉出來」

在公司內移動靠它一切搞定

DELFONICS的包中包

手帳或筆等工作會用到的東西全部放進這裡。「到了公司，我會從包包裡拿出來擺在桌上。移動時也帶著走，所以不會有漏帶東西的情況」

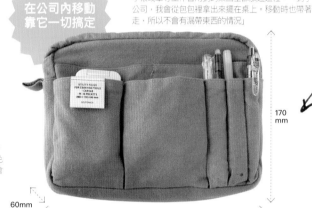

170mm

60mm

250mm

輕巧的包中包可以裝得下這麼多東西！

1.手機充電器 2.公司配給的手機 3.耳機 4.各種筆，放在包中包的外口袋。「記在手帳的預定事項，依種類用不同的顏色寫」 5.修正帶 6.便利貼 7.面紙 8.員工證與名牌 9.待辦事項的筆記本。「除了手帳，另外準備一本只記待辦事項的筆記本」 10.使用手帳與公司的工作排班程式，電子產品和紙本併用，統一管理工作及私生活的行程。 11.便利貼和便條紙收在手帳的內袋。「貼在資料上或利用空檔時間寫簡短的信」 12.護身符。「準備瑜珈考試時，朋友送的」 13.口香糖和涼糖 14.文件夾。「將當天使用的書面資料全部放進去」

放假時偶爾會取出包中包，把通勤包當作外出包使用。

中山萬理子 小姐
東京STAR銀行
理財專員

A
Q

決定好下班要做什麼，備妥需要的東西

每天的生活就是往返於公司和家，實在很乏味……。

在東京STAR銀行擔任理財專員的中山萬理子小姐，工作內容是為顧客提供資產運用或保險方面的建議。「閱讀報章雜誌吸收最新的經濟資訊，對工作很有幫助。因為工作……

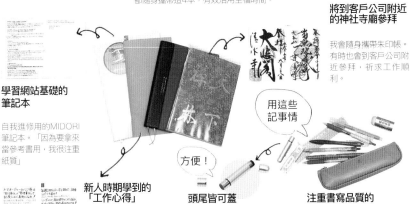

通勤包

包包&內容物加起來的總重量是
5kg

通勤包的價錢
約**4000日圓**

在車站大樓的專賣店購入的包包
「東西多加上經常外出，包包很容易變形、磨損。因為是消耗品，每季我都會選購便宜的包包替換」

＋

輔助包

SEKISEI的
Playing
2 WAY手提資料盒

防水性佳的硬盒，可防止客戶用的文件被摺到或弄濕。

福田凡 小姐
Showcase-TV
e Marketing事業部

A
Q

準備4本「筆記本」，利用空檔時間自我進修

去拜訪客戶卻有30分鐘的空檔，想有效活用這段時間！

透過網站提供攬客諮詢服務的福田凡小姐，一週必須拜訪10家左右的客戶，為了有充分的時間洽談，有時外出洽公必須配合客戶的情況，因而多出空檔時間。

通常那種時候，她就會拿出筆記本等「自習用品」。重新翻閱工作上的心得，或是到客戶所在地附近的神社寺廟拜拜，祈求商談順利。「雖然包包很重，但我不想出了門才後悔「早知道應該帶那個來！」（笑）。把有需要的東西全部帶著走是我的原則」。

利用下班後 & 休息時間轉換心情

除了下班後透過學習東西放鬆紓壓，就連午餐時間也能轉換心情。

2種髮飾
隨身攜帶2種髮飾，一個來綁馬尾，一個用來稍做固定。

以愛用的牙膏刷牙，心情也變得爽快！
午餐後用FUJISAWA專業護齒EX牙膏刷牙，口腔乾淨清新。

直接擦在絲襪上就能按摩腿部
MARY COHR的腿部按摩膠。覺得腿有點水腫時，直接擦在絲襪上按摩。

按摩臉部，展露美好笑容
休息時間用ReFa滾輪按摩臉部。面對客人時要保持豐富的表情，有空時就舒緩一下臉部的肌肉。

還有這些妙招！善用時間的祕密小物

從自我學習到「許願」通通「包」辦

筆記本、工作心得的手帳、安排行程的手帳、朱印帳，平時都隨身攜帶這4本，有效活用空檔時間。

學習網站基礎的筆記本
自我進修用的MIDORI筆記本。「因為要拿來當參考書用，我很注重紙質」

將到客戶公司附近的神社寺廟參拜
我會隨身攜帶朱印帳。有時也會到客戶公司附近參拜，祈求工作順利。

新人時期學到的「工作心得」
「出社會第1年的工作心得。至今仍獲益良多，我常拿出來翻閱。」

用這些記事情

方便！

頭尾皆可蓋的印章
內含墨水與印泥的SANBY雙頭姓名章。

注重書寫品質的筆具用品
無印良品的滑順按壓膠墨筆不易墨跡，螢光筆也很好書，讓我的筆記看起來乾淨整齊。

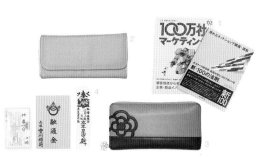

1.固定放在包包裡的2本書。《100萬家公司的行銷（第2號）》（宣傳會議）、《新版100個法則》坂本悟史、川村TOMOE（Impress Japan） 2.「家用與私用的錢包分開使用」。福田小姐的家用錢包購自平價商店。 3.私用的錢包 4.放在錢包的工作運、財運護身符。

採訪、撰文／三浦香代子、吉田明乎　攝影／佐藤和惠、矢作常明、小野SAYAKA

通勤包　職業婦女

鹽澤聰子 小姐
珠寶公司、總務

Storksak Olivia的 媽媽包

「生完孩子後，考慮到上班的方便性，決定要找容量大又輕便的款式，結果找到這個外形幹練的媽媽包，所以就買了。」

包包&內容物加起來的總重量是 3.8kg
通勤包的價錢 約 2萬日圓
小朋友 8.6 kg!

A 把孩子的背包放進包包，空出來的雙手活動自如
Q 就算帶著孩子也想減少隨身物品、快速行動

通勤包
Tory Burch的托特包
可裝A4大小的物品，包身不易變形。「因為包身很挺，放著的時候不會垮下來。可將小物與雜誌分開收納也很棒」

包包&內容物加起來的總重量是 2.6kg
通勤包的價錢 約 4萬日圓

輔助包
＋ TED BAKER的購物袋
「除了當作裝上課用品的輔助包，有時也會拿來放錢包，午休時帶出去用」

向公司申請短時間勤務的鹽澤聰子小姐，上班前先把10個月大的兒子託給公司附近的托兒所照顧。早上9點15分上班，下午4點下班。每天搭30分鐘的電車往返於東京青山的辦公室與住家，帶著兒子上下班。「自己的東西帶很少，通勤包也放了孩子的背包。這麼一來，空出來的雙手可以用手機或拿定期車票，搭電車時也比較安心」。

早上是由老公帶兒子去托兒所，鹽澤小姐下了班再去接兒子回家。「搭電車上班時可以獨自行動，我喜歡利用那段時間看書」。

作壓力頗大，下了班我會讓自己多從事有興趣的事」。下班後去上英語會話課或做完瑜珈課的補妝用品、前一天先放進輔助包的東西等，「整理下班後要用的東西，讓我覺得心情愉悅」。

除了自我進修，她也常去逛百貨公司的彩妝品專櫃。「了解國內外的景氣，和顧客聊天時比較有話題」。

個人物品收在側邊，將孩子的背包放進去！

包包收納的原則是「裝了孩子必需品的背包優先！」為避免早上手忙腳亂，前一天先準備妥所有物品。

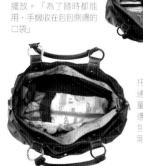

3.1kg
上班用的物品立起來整齊擺放。「為了隨時都能用，手機收在包包側邊的口袋」

700g
托兒所用的背包裡裝了整套的換洗衣物、尿布等孩子會用到的東西。「希望兒子將來自己背，所以選擇後背包的款式」。

托兒所用的背包放在通勤包裡的狀態。盡量把自己的東西往旁邊推，從上面塞入背包。「沒想到大小剛剛好」。

化妝包內容物
只放仔細挑選過的化妝用品
「生孩子前，我都會帶整套的化妝用品，但在公司幾乎沒補過妝。生完孩子重回職場後，我只帶口紅出門」。另外加上幾個保濕保養品，如護手霜等。

還有這些妙招！善用時間的祕密小物

1.星巴克儲值卡放在手機套裡 2.HOBO日手帳 3.中公文庫的《世界史（上）》。「雖然通勤時間只能讀幾頁，但可學習到世界的局勢演變」 4.孩子的點心 5.手帕 6.星巴克紙杯套。「有時買咖啡會忘記跟店員要，所以乾脆留著備用」

聞聞香氣轉換心情
「基本上我的工作不能使用香水，趁下班時噴一下香奈兒的香精」

我有在上英語會話課
「每週1次英語會話課，也許將來出國旅行可以派上用場」

根據下班後的安排改變化妝包

平時的化妝包
平常是用TED BAKER的粉紅化妝包，上瑜珈課的日子會改用另一個化妝包。

瑜珈課用的化妝包
換成另一個化妝包，轉換下班的心情

化妝包內容物
做完瑜珈流汗後，用來補妝的彩妝加上平常用的彩妝品。化妝品購自Cath Kidston。奧周的誘惑豐盈骨膠原彩唇、聖羅蘭的迷魅唇膏與限定款的遮瑕膏等人氣商品，用了心情會變好！

1.記錄私事的MARK'S手帳 2.LV的長皮夾，還有附可當零錢包的化妝包。3.4.手帕與面紙套都是最喜歡的花朵圖案，看了心情很愉悅。 5.上班前先到公司附近的咖啡廳，仔細閱讀日經新聞報、日經Veritas或經濟雜誌。

A
以專用的袋子收納。簡化內容物＆預防遺漏物品

出差或平日上下班基本上都是用這個包

小池MIKA小姐
APO PLUS STATION
CSO事業部國際部

CHARLES & KEITH的提包

不只是通勤包，在國內出差時也會用，到國外出差時當作登機包兼工作包。接上背帶就能側背。

包包＆內容物加起來的總重量是 **2.7kg**

通勤包的價錢約1萬3000日圓

為國內外的製藥企業提供海外發展協助或行銷策略提案的小池MIKA小姐。

經常得出差的她說，「如果是國內，整理行李大概花15分鐘，國外則是20分鐘左右」。

小池小姐節省時間的祕訣是「擺著不管」。只要把衣物收納袋放進行李箱備用，就算沒列清單也知道要帶什麼。

平時用的包包也呈現「準備周全」的狀態。「前一天晚上先確認隔天的行程。『到了目的地要寫感謝信給對方，所以要帶信紙組』等，配合預定事項做準備」。平日上下班或出差，基本上我只用通勤包，這也是省時的關鍵。

國外出差的行李箱

省時＆不遺漏東西的法寶是『擺著不管的收納袋』

「出差結束後只取出行李，收納袋放進行李箱。這麼一來，下次就不必重想該帶什麼，也可避免遺漏物品」

以防萬一的必要藥物

濕紙巾、防蟲噴霧、退熱貼等，國外不易取得的東西也事先備妥。

一看就知道內容物的收納袋

貼身衣物裝入專用的收納袋。「一看就知道裝了什麼，馬上就能拿出來」

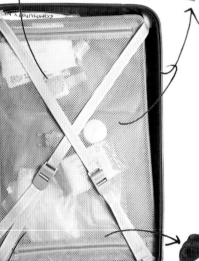

在飛機內或出差地點皆實穿

BUTTERFLY TWISTS平底折疊鞋。無論在機內或在當地穿都很方便，舒適耐走。

展現幹練感的配件

有時得和國外的客戶吃飯，先準備好高跟鞋和手拿包。

把資料放在平時的包包裡隨身攜帶

用Laura Ashley的化妝包代替護照套。把工作的資料或出差國家的相關書籍一併放入。

國內出差的輔助包

包包裡只放換洗衣物和彩妝品

這個GHERARDINI的包包是婆婆送的生產賀禮。在國內出差時，我都是帶平時的通勤包，加上裝了數日換洗衣物及化妝品的輔助包。

整理儀容的用品裝進化妝包

Laura Ashley的化妝包裡放了靜電除塵刷。與人見面前，先檢查自己的服裝儀容。

便條本加上套子

會議等需要做記錄時用的便條本。外面的套子是換工作時，老公和女兒送的禮物。

通勤包的基本內容物

Open

工作行程用iPad管理

公司配給的iPad和鍵盤。不帶手帳，行程管理全交給電子產品。

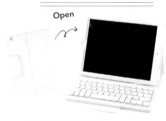

印有公司名稱的透明文件夾

交給客戶的資料與印有公司名稱的文件夾。把信紙組等裝進去隨身攜帶。

APO PLUS STATION

活用空檔時間的小物

確認2個孩子的營養午餐菜單

小池小姐的2個孩子分別就讀國小和托兒所。「利用通勤時間確認學校或托兒所發的資料、孩子們的營養午餐菜單」。

給客戶的感謝信一律親筆手寫

經常利用拜訪客戶的空檔時間寫感謝信。隨時備妥多款信紙組或明信片。

採購

通勤包

包包&內容物加起來的總重量是 **2.9kg**

通勤包的價錢 **不明**

塚本彩華 小姐
c-connect 採購

UNITED ARROWS的托特包
「這是媽媽抽獎抽中送給我的包包，感覺會帶來好運。可以裝很多東西卻很輕便好用，我很喜歡。」

輔助包
裝瑜珈服的布製托特包
做瑜珈時的替換衣物裝進BEAMS的提袋，布製材質相當輕便。

Q 工作到一半，好想稍微放鬆！
A 自備瑜伽服，充分活用午休&休息時間

在新創事業的新事業部擔任採購的塚本彩華小姐，不但要忙著籌備新事業、策劃展示會，每天還得花3小時通勤。除了靠輕便耐用的包包減少通勤的壓力，在公司時若想稍微放鬆，她就會「做瑜珈」。

塚本小姐通常是利用午餐後或開始加班前的休息時間，到休息室活動身體。「我的工作必須在短時間內集中注意力，以前無法集中注意力讓我很煩惱，透過做瑜珈使心情煥然一新，工作時也變得更專注」。

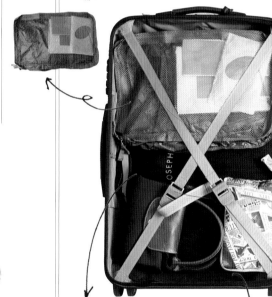

包包&內容物加起來的總重量是 **18kg**

RIMOWA行李箱
用了將近10年的RIMOWA行李箱。「適合洽公差旅的設計，用起來很方便，我很喜歡。」

基礎化妝品也用化妝包統一收齊

在行李箱裡容易變得散亂的基礎化妝品，裝入專用的化妝包，確保收納場所。

絲襪與換洗衣物
配合出差天數準備足夠數量的內搭單品和絲襪。

用大的衣物收納袋裝西裝外套
用衣物收納袋裝另一件西裝外套。「出差超過一星期時，西裝外套也得替換」。

觀光或預備用的摺疊包
LONG CHAMP的包包和備用的環保袋。有空檔時間在當地觀光時就能使用。

提早1週備妥對方收到會開心的禮物

給客戶的伴手禮先向當地的工作人員確認，準備客戶喜歡的東西。

自備便當的省時午餐讓我保有放鬆身心的時間
平常多是自備便當。「在公司快速吃完便當後，剩下的時間用來放鬆身心」

自備瑜珈服，隨時都能做瑜珈
做瑜珈時穿的短褲，裝在輔助包裡。「平時都把瑜珈墊放在公司，有時會捲起來塞進通勤包帶回家」

自己帶便當補充營養
「雖然菜色簡單，全都是我親手做的。每週1次用公司給的午餐津貼和同事外出用餐」

在休息室放鬆舒展身體
「公司有員工休息室，換上短褲、鋪好瑜珈墊就能做伸展操」

還有這些妙招！善用時間的秘密小物

1.通勤時看的書。《從問題中學習孫子》守屋淳、田中靖浩（日本經濟新聞出版社） 2.到馬來西亞出差時買的木製手機套與iPhone6 Plus 3.工作時戴的JINS眼鏡 4.貼上奧勒岡州貼紙的電子辭典。用來查英文單字。

必要物品輕鬆拿的包包大改造

4STEP

請教了這位專家

新產業開發研究所 所長
坂戶健司先生

武藏野美術大學畢業後，進入廣告業界學習廣告、銷售戰略，之後獨立創業。在行銷、人材培育等領域從事顧問的工作。主要著作為《大整理術》（麥田）。

0.5秒快速拿出物品的超強整理術！

「沒辦法立刻從包裡找到要用的東西」時，請這樣做

要從包包裡拿出要用的東西，總得東翻西找……。找到最後，還是沒找到！為避免這種情況，本書將傳授幾招實用的包包整理術。想用什麼，0．5秒就能快速取出，心浮氣躁的壞情緒自然也會減少。

STEP 1 檢查包內所有物品

切記！放進包包裡的東西，「只有當天會用的物品」。為避免放了不必要的東西，下班回到家一定要取出所有物品重新整理。

依必要程度分為3類

○ 沒有，很困擾……**決定放的位置**
錢包、定期車票、鑰匙等每天必用的物品

△ 如果有，很方便……**有需要時才放進包包**

✕ 沒有也沒差……**別放進包包**
補妝時不會用的眼影、多本記事本、濕紙巾等

> **『如果有，很方便』的東西不要一直放在包包裡！**
> 每週會用到幾次的『如果有，很方便』的東西，假如一直放在包包裡，東西就會愈積愈多。「不確定是否有需要的話，先拿出來幾天，確認看看會不會有影響」（坂戶先生）。
> （例）數位相機、集點卡、商品券、備用筆、折疊傘等

STEP 2 決定放的位置

常用的物品放在方便拿取的位置。「思考拿取時的狀態，如通勤時『站著搭車』、拜訪客戶時『坐著擺在膝上』等，自然會知道怎麼放才能快速拿出來」。

①定期車票夾等1天內會用到好幾次的物品，放在內（外）袋。同一個地方只放3樣東西，比較好掌握內容物。

②裝在文件夾的文件或資料，依使用順序放入包包。放比較多東西的時候，還能當成包包內的隔板。

③④放錢包、手帳等的小物或化妝包。錢包等可單手取出的東西，放在③或④皆可，請放在順手的位置。

STEP 3 用透明化妝包分裝

使用可看到內容物的化妝包，馬上就能找出要用的東西，也會立刻知道有沒有漏帶東西。

耳機或手機的充電器、化妝品等瑣碎的必需品，全部裝在1個化妝包可節省空間。

STEP 4 文件依使用順序擺放

當天要用的文件依案子個別裝入文件夾，放進包包時，按使用順序從最外側開放。「與客戶碰面時，馬上就能取出要用的文件」

將案子的標籤或便利貼貼在右上方，橫放或直放都會出現在上方，找起來很方便。
「寫出拜訪時間、拜訪處的負責人等，當作給自己的提醒」

若用堆疊的方式擺放物品，拿取時會變成一團亂。立著放的擺法，比較容易取出要用的東西。

> 將物品直放，清楚掌握內容物

花點心思整理，立刻就能知道哪裡放了什麼

手機、名片夾、記事本、筆……你能立刻說出包包裡有哪些東西、放在哪裡嗎？《大整理術》的作者，同時也是商務顧問的坂戶健司先生說，「無法立刻從包包裡拿出要用的東西，那是因為不清楚東西放在哪兒」。

先確認哪些是有需要的東西，再來決定擺放的位置。

「下班回到家後，養成檢查包

> **CHECK!**
> 有沒有這樣的情況？
> ☐ 不清楚包包裡有什麼
> ☑ 想用的東西沒辦法馬上找到
> ☑ 經常把用不需要的東西放進包包

包內容物的習慣，原則上當天未使用的東西，隔天不再帶出門」。

將內容物立放，常用的物品放在方便拿取的位置。另外，「小物類統一裝在透明化妝包，文件用透明文件夾分類，按使用順序擺放等」，這些都能節省找東西的時間」。請參考左文的步驟，重新整理你的包包。

直擊！在職女性的包包內容物＆收納術

包包裡只放
一定會用的東西

業務

Sow Experience
土田真澄 小姐
（30歲）

內袋放定期票或鑰匙等常用的小物

4.學生時代一直用到現在的Courrèges定期車票夾，至今仍然很新！ 5.家裡和腳踏車的鑰匙。 6.ZEBRA的JIM-KNOCK黑筆是我的愛用筆。

工作用品立著放要用時方便好拿

1.不同客戶用的文件夾與資料。 2.商品樣品。 3.無印良品的B6再生紙雙線圈記事本。

LONGCHAMP的提包

婆婆給的紅色包包，裝A4大小的文件剛剛好。

保留部分空間方便取出小物

7.手帕。 8.行程管理都是用手機。 9.祖母給的DAKS錢包。 10.Kazuyo Nakano的名片夾。

在 提供免費體驗服務的Sow Experience擔任業務、行銷的土田真澄小姐說，「包包裡如果放了不必要的東西，我就會靜不下心」。因為有多餘的東西，工作效率與專注力都會下降。

包包裡的東西全都立著放，用透明文件夾分類的文件或業務資料依使用順序放入。化妝包只放重點彩妝用的彩妝用品，而且不帶面紙。「基本上我只帶當天會用的東西，也就是能夠掌握的量」。

化妝包的化妝品只放重點彩妝用

11.Anya Hindmarch的化妝包。 12.WELEDA的護唇膏。 13.梳子。 14.jane iredale的口紅。 15.唇刷。

桌面乾淨俐落！

0.5秒找到東西的重點

■ 文件裝進透明文件夾，按使用順序擺放
■ 內容物全部立放，方便掌握放的位置
■ 東西不要擺得太擠，要用時比較好拿

桌面乾淨俐落！

以包中包的方式
防止遺漏物品

人事

Village Vanguard
人事部課長 清木花菜子 小姐
（33歲）

常用的物品以包包加包包的方式統一收齊

1.放了印章與印泥的化妝包。 2.裝眼藥水、常備藥的小化妝包。 3.Nature＆Co的護手霜。 4.蜜粉。 5.手機充電器。

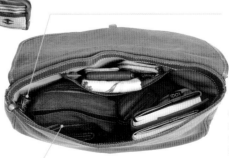

掛鉤式鑰匙圈讓鑰匙變得方便拿取

掛在這兒

PARLEY的提包

和老公共用的皮革側背包，右側是放書或手帳，左側是放化妝包。

任 職於Village Vanguard人事部的青木花菜子小姐說，「我不會忘記帶東西的祕訣是，包包加包包」。就算改用別的包，只要把化妝包放進去即可。用小一點的化妝包，包包裡的內容物統一立放，有什麼東西全都看得清清楚楚。

0.5秒找到東西的重點

■ 無論用哪種包包，右邊與左邊都是放固定的東西
■ 必要的小物用包包加包包的方式收納
■ 鑰匙掛在掛鉤式鑰匙圈，要用時立刻就拿得到

裝了這麼多東西

1	iPad ※瀏覽網路新聞或是外出時辦公用	13	耳機收納盒
2	Kindle ※紙本書看完時，可用來看電子書	14	環保袋
3	書	15	錢包
4	手帳	16	名片夾
5	便條本	17	卡片夾 ※裝信用卡等
6	筆袋	18	卡片夾 ※掛號證等
7	放工作用品的化妝包	19	卡片收納夾 ※轉帳專用的金融卡等
8	口罩	20	iPhone
9	面紙	21	便利貼
10	手巾	22	Pasmo
11	化妝包	23	朋友給的餅乾
12	印章	24	鑰匙與鑰匙圈
		25	眼鏡盒
		26	文件夾

包包只有790g，因為裝了一堆東西，像是資料或手帳、平板電腦等電子產品，結果重量變成5.2kg！

Before

好重好難受……肩膀好痠腰也好痛該怎麼辦才好……

重量 5.2kg

重量 3.4kg

包包變輕了，走起路來抬頭挺胸！

拿掉了iPad和Kindle

換成小一點的筆袋

鑰匙圈也只挑1個喜歡的用

口罩只帶1個

成功減少1.8kg。包包變苗條了，拉鍊可以順暢拉緊。一打開包包，所有內容物一目瞭然！

After

「包包斷捨離」的3大訣竅

1 具體想像每項物品使用的場合

「今天這個東西要在哪裡怎麼用」，具體想像自己的行動，比較容易選出真正有需要的東西。

2 「說不定會用到……」、「以防萬一」拋開這些念頭

「以防萬一」而帶的東西，想一想上次是何時使用。「一星期沒用過半次的東西，請從包包裡取出」。

3 化妝包可能是讓包包變重的犯人

化妝包或包中包這類的收納包會讓包包變重，買之前仔細思考，盡可能挑選材質輕便的款式。

人生變輕鬆的「包包斷捨離」

請教了這位專家

斷捨離實踐者

川畑 NOBUKO 小姐

同時也是心理療法家。親自實踐斷捨離後，體認到對精神方面的影響，進而推廣斷捨離的方法。主要著作有《歡迎加入斷捨離黨》（與鈴木淳子共著，Discover 21）等書。

擺脫「大肚包」！只帶想用的東西，輕鬆自在

東西太多讓包包變得很重，想用的東西明明在包包裡，就是無法馬上拿出來。通常有這些煩惱的女性，總是帶著鼓鼓的『大肚包』。曾經實行過斷捨離並出版相關書籍的川畑NOBUKO小姐說，「『如果有這個應該很方便』、『也許某個場合會用到』，到頭來只是放了一堆本不會用的東西」。「斷捨離除了用來整理住處，判斷包包的內容物也很有效」。

因此，本書將日本編輯部K小姐重達5.2kg的『大肚包』當作範例，請川畑小姐指導如何進行包包的斷捨離。方法很簡單，重點就是，把實際會用的物品與喜歡的物品放進包包即可。這麼一來，「不光是包包變輕了，心情也輕鬆許多，心態變得積極」。

包包斷捨離
的方法

總是抱怨「包包好重好難受」的K小姐，花了1小時逐一檢視包包的內容物，成功完成斷捨離！

K小姐的
親身體驗！

Step 1

取出包內的所有物品
化妝包和錢包也是

拿出包包裡所有的東西，就連化妝包和錢包裡的東西也全部取出。「最好是放在桌上或地上等可以一覽所有物品的場所」

□ 確認文件夾(c)

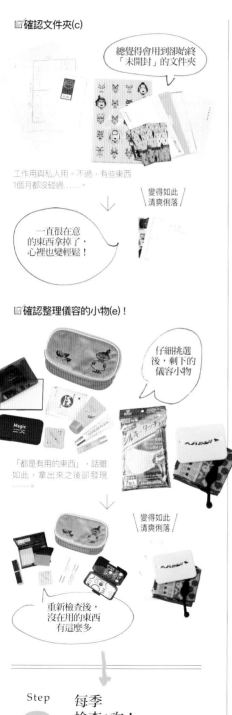

總覺得會用到卻始終「未開封」的文件夾

工作用與私人用。不過，有些東西1個月都沒碰過……。

變得如此
清爽俐落

一直很在意的東西拿掉了，心裡也變輕鬆！

□ 確認整理儀容的小物(e)！

仔細挑選後，剩下的儀容小物

「都是有用的東西」，話雖如此，拿出來之後卻發現……。

變得如此
清爽俐落

重新檢查後，沒在用的東西有這麼多

Step 3

每季
檢查1次！

做過1次斷捨離，每天的隨身物品就會改變。「包包至少每個月整理1次，如果很忙沒時間，利用換季的時候徹底整理1次也可以，請試著進行斷捨離」。

□ 確認電子產品(b)

因為放了採訪用的錄音筆或隨身碟等，包包變得很重。

原以為這個有充電功能的化妝包很方便，光是包包就有250g，而且充電功能也少用……

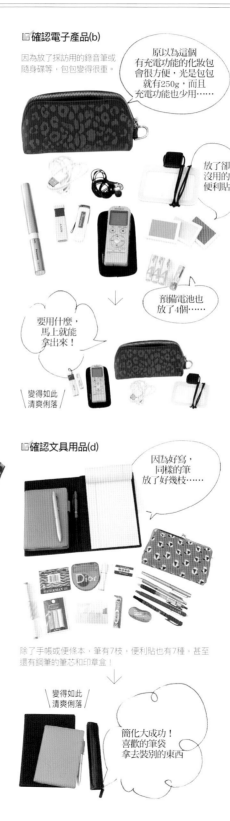

放了卻沒用的便利貼

預備電池也放了4個……

要用什麼，馬上就能拿出來！

變得如此
清爽俐落

□ 確認文具用品(d)

因為好寫，同樣的筆放了好幾枝……

除了手帳或便條本，筆有7枝，便利貼也有7種，甚至還有鋼筆的筆芯和印章盒！

變得如此
清爽俐落

簡化大成功！喜歡的筆袋拿去裝別的東西

Step 2

別再想「也許會派上用場」
只保留喜歡的東西

以「今天是否需要」、「是不是自己喜歡的東西」、「用起來方不方便」為基準做選擇。「基本上『也許會～』的東西，不用的可能性很大。如果不確定，還是先拿掉」

□ 確認錢包或卡片夾(a)的內容物

將錢包、2個卡片夾、文件夾裡的卡全部攤開擺好。

卡片竟然有65張！

哪張比較新呢……

拿掉重複的卡……

挑出變舊的護身符或發票、不會馬上用的掛號證、集點卡

沒在用的集點卡居然有這麼多張……

變得如此
清爽俐落

決定好以後要去哪些店購物，有效率地累積點數

肌膚絕對不能乾巴巴 同時也要留意除菌！

嬌生（Johnson & Johnson）監修
ACUVUE STORE表參道店 諮詢師
星綾美 小姐（25歲）

嬌生安視優超涵水每日拋棄式隱形眼鏡。「感覺戴上後，眼睛變得很有神，面對客人時更有自信」

野綾美小姐任職於嬌生監修的ACUVUE STORE表參道店，身為諮詢師的她說「因為工作上經常得透過雙手向顧客說明產品，讓手指到手腕保持滋潤的護手霜是必備品」。小瓶裝的嬰兒潤膚乳液是她的愛用品。「擦了護手霜會變得黏黏的，所以我只擦從七分袖露出來的部分」。除了保濕，她也很注重「除菌」。化妝包裡隨時備有除菌濕紙巾。「我很留意保濕與除菌，辦公室也有放除臭與清潔」。

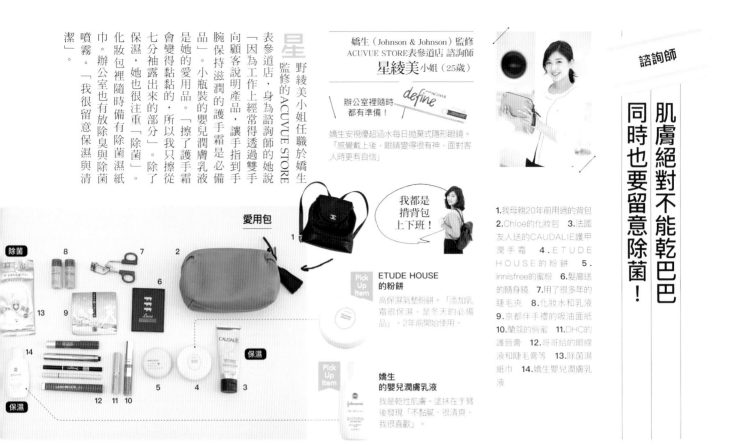

我都是揹背包上下班！

愛用包

除菌

保濕

保濕

ETUDE HOUSE 的粉餅
高保濕氣墊粉餅。「添加乳霜很保濕，是冬天的必備品」。2年前開始使用。

嬌生 的嬰兒潤膚乳液
我是乾性肌膚。塗抹在手臂後發現「不黏膩、很清爽，我很喜歡」。

Pick Up Item

Pick Up Item

辦公室裡隨時都有準備！

1.我母親20年前用過的背包 2.Chloé的化妝包 3.法國友人送的CAUDALIE護甲潤手霜 4.ETUDE HOUSE的粉餅 5.innisfree的蜜粉 6.髮廊送的隨身鏡 7.用了很多年的睫毛夾 8.化妝水和乳液 9.京都伴手禮的吸油面紙 10.蘭蔻的唇霜 11.DHC的護唇膏 12.哥哥給的眼線液和睫毛膏等 13.除菌濕紙巾 14.嬌生嬰兒潤膚乳液

盡是魅力的優雅美人

銷售或禮賓人員等，這些工作都必須接觸人群。從事這類工作的女性，她們能夠隨時保持美麗、充滿活力的祕密就在化妝包裡。

利用香氛用品消除壓力 解饞零食也是健康的有機食品

自由PR、有機生活指導師
栗田綾野 小姐（37歲）

當成午餐吃的有機超級食物綜合思慕昔。用迷迭香的髮膜噴霧消除睡意。

田綾野小姐是有機生活指導師，由於工作的關係，她的化妝包裡多是有機產品。為了能在沒有壓力的狀態下工作，比起彩妝品，她更重視舒緩身心的用品，總是隨身攜帶。

她很喜歡herbfarmacy的按摩膏。「擦完會慢慢變熱，覺得累的時候很適合。3年前買來用之後，我就成了粉絲，可惜的是，現在沒賣了」。加水溶解的思慕昔也是包裡的常備品。「這瓶昔是包裡的常備品。「就算很忙也能泡來喝，攝取均衡的營養」。

愛用包

香氛

有機

ARGITAL 的精油
覺得累的時候，直接在座位上或去洗手間聞一聞香氛精油，稍微放鬆。「這瓶是乳香，我喜歡聞各種不同的香氛。」

WELEDA 的保濕霜
不光是手，頭髮、臉部乃至全身都能使用的保濕霜。「約莫2年前用過後就愛不釋手，冬天絕對少不了它。」

Pick Up Item

Pick Up Item

辦公室裡隨時都有準備！

1.L.L.Bean的托特包 2.朋友送的ARTISAN&ARTIST化妝包 3.ARGITAL Gold essential oils（乳香） 4.herbfarmacy的按摩膏 5.excel的三合一眉筆眉粉刷 6.naturaglace的睫毛膏 7.KOBAKO的電熱睫毛器 8.ETVOS的唇膏 9.BEBEBOO RUB BALM 很潤喉 10.naturaglace的BB霜 11.WELEDA的保濕霜

採訪、撰文／氏家裕子　攝影／小野SAYAKA、工藤朋子

醫師

重視成分 萬全應對乾燥與疲勞

LUNA骨盆底肌
Total Support Clinic
中村綾子·小姐（35歲）

任職於LUNA骨盆底肌Total Support Clinic的泌尿科醫師中村綾子小姐，「我是乾性肌膚，所以很注重保濕」。受訪時已懷孕的中村小姐，盡量使用不添加化學合成物質的護膚用品。護手霜是用THREE。「天然成分的護手霜用起來比較安心，而且很保濕」。添加蜂蜜的護唇膏是她近幾年冬天的必備品。辦公室也隨時備有維持健康的營養補充品。「含牡蠣精華的營養補充品可以補充女性經常攝取不足的礦物質」。

WATANABE活性型蠔精錠富含鐵、鉛等礦物質。「吃了之後變得有活力」。為了避免手腳冰冷，隨時備有暖暖包。

辦公室裡隨時
都有準備！

1.GUCCI的包包 2.Salvatore Ferragamo的化妝包是老公送的聖誕禮物 3.HACCHI保濕唇霜 4.CHICCA的水潤唇膏。顏色鮮艷，我很喜歡。 5.RMK的柔光蜜粉餅，補妝用。在家裡也是用RMK的粉底液和粉底乳 6.THREE的護手霜 7.京都伴手禮的隨身鏡

THREE的
舒活護手霜AC R
由於工作的關係，必須接觸藥品或經常洗手，所以護手霜是必備品。這個產品98％是天然成分，我很滿意。

HACCHI
的保濕唇霜
「至今用過最滋潤的牌子，我很喜歡」。特色是添加蜂蜜、蜜蠟、蜂王乳等成分。

Pick Up Item

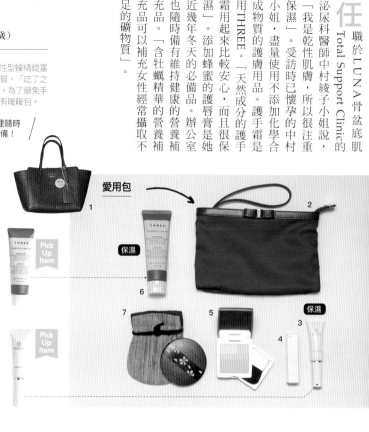

愛用包

保濕

保濕

Beauty & Care ─ 舉手投足

工作必須接觸人群的在職女性的化妝包

人事研修講師

臨時出差也不擔心 備妥護髮品與口腔清潔用品

FULLCAST HOLDINGS
人事法務部教育課課長
淺野南津子·小姐（30歲）

任職於人力資源公司FULLCAST HOLDINGS人事部的淺野南津子小姐，主要負責年輕員工的研修與面談。「因為得經常與人交談，我很在意髮型、妝容與口氣的清新」。臨時出差的情況也很多。包包裡放了不少整理儀容的用品。當中她最重視的是整髮器。「我是自然捲，有時出差回不了家，或是突然下雨弄亂髮型，為了因應突發狀況，我都隨身攜帶整髮器」。預防口臭的方法則是在化妝包裡放口香糖、口氣清新噴霧、涼糖這三樣。「像是搭車的時候、重要的研習會之前等，我會依時間、場所、場合區分使用」。

辦公室裡隨時
都有準備！

「我是自然捲的髮質，有時會因為濕氣弄亂髮型。與人見面前，一定用這個整理頭髮。」

1.購自生活雜貨店的包包 2.台灣伴手禮的化妝包 3.髮飾 4.曼秀雷敦護唇膏 5.AUBE couture 完美修護精華唇膏液 6.口腔護理用品 7.眼藥水 8.用妮維雅的潤膚霜，為雙手保濕 9.拋棄式口罩 10.朋友送的化妝包 11.資生堂的眉筆 12.睫毛膏 13.P Shine的Flavor cuticle oil 14.JILL STUART的香水 15.INTEGRATE的眼影

Pick Up Item

dejavu
的睫毛膏
我平常會用2支睫毛膏，上睫毛是用極致增長睫毛膏（右），下睫毛是用迷你增長睫毛膏（左）。

用口含錠涼糖、口氣清新噴霧、口香糖做好口腔護理
Pick Up Item
「隨身攜帶消除口臭的用品」。講習會等活動前，噴一下口氣清新噴霧（中），讓心情也變得清爽。

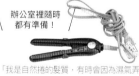

愛用包

護髮

口腔護理

PART

6

—

不再怕麻煩的
心情整理術

—

「好麻煩」──這是許多在職女性很想擺脫的煩人情緒。
眼前的工作、鬱悶的人際關係、每天累積的壓力……
一旦出現好麻煩的念頭,心情也會跟著Down下來。
而且,有時還會責怪有負面想法的自己,變得更加意志消沉。
透過心理訓練改變「沒自信的自己」,調整心態
逐漸揮別每天工作累積的「心」勞。

靈整理術！

覺得「好麻煩」的念頭一掃而空，瞬間覺得好輕鬆！
工作、人際關係、打掃家裡……遲遲無法採取行動，也許
是心理狀態所致。以下將告訴各位揮別負面情緒的方法。

原因與4大處理方法

唉～好麻煩……
每天要跑步
工作好累
約會也好麻煩

「好麻煩」是這樣來的

不得不做的想法

請這樣處理！

對某種行動缺乏熱情、提不起勁時，心裡只會有「應該要～」、「不做不行」的義務感。在毫無意願的狀態下勉強去做，內心會產生負擔，形成龐大的壓力。而且，覺得「好麻煩」的原因往往是認為沒有花時間、費心力去做的話，「大概無法有效率地完成」。為了達成夢想或目標而採取的行動、打算進行平時沒做過的事，想要有效率地完成某件事卻讓大腦陷入混亂，造成反效果。

例如……

例2	例1
為了變瘦，每天都得跑步	不得不打掃

久而久之……

想東想西，思緒變得混亂

「明天有重要的會議，還是好好休息吧」
「昨天跑了一下，腳有點怪怪的，今天又跑說不定會嚴重」
「外頭好冷，出去跑步說不定會感冒」

「就算今天打掃乾淨，很快又會變得髒亂」
「既然要打掃，就要掃到一塵不染」
「沒那麼多時間好好打掃」
「沒有客人要來，有必要打掃嗎」

結果，最後就……

萌生「好麻煩」的念頭

跑步好麻煩　　　打掃好麻煩

想太多導致「好麻煩」的負面情緒

時下來來愈多人對各種事物感到「好麻煩」，行動心理顧問鶴田豐和先生這麼說。其著作《不再覺得「好麻煩」》在日本賣出超過14萬本，由此可知這已成為現代人關注的問題之一。「尤其是在職場這種重視感性的女性經常得勉強配合，所以容易覺得累，萌生『好麻煩』的負面情緒」。

覺得「好麻煩」的情況概分為兩種，因行動而起、因人際關係而起。前者是「因為覺得麻煩，提不起勁，無法展開行事等」。「為了配合價值觀不同的上司，愛聊八卦的同事等」。

另一個情況則是覺得職場的「人際關係好麻煩」，例如處不來的上司、愛聊八卦的同

注重理性、邏輯思考的場所，而且以負面居多。因此，就算想採取新的行動，好麻煩的負面情緒反倒更加強烈」。養成不要想太多的習慣很重要。

一天當中大部分的想法都出自「不由自主」的思考。「好比肚子餓了、被上司罵有夠衰，這些都是無意識湧現的想法，導致『好麻煩』的負面情緒益發強烈」。一下子想太多，鶴田先生說，人類有

行動」。「想太多」是最大的要因。「想到必須同時進行多項工作」、「那個也得做、這個也得做……」一下子想太多，萌生『好麻煩』的念頭。這樣會影響工作表現，必須先想好對策」。

的人，搞得自己很有壓力，萌生『好麻煩』的念頭。這樣會影響工作表現，必須先想好對策」。

只要參考左文的具體事例說明，就能知道如何處理，進而減輕內心的疲累。從今天起，揮別「好麻煩」的糾纏！

請教了這位專家

行動心理顧問
鶴田豐和先生

在日本賣出超過15萬本的暢銷書《不再覺得「好麻煩」》的作者。曾任職於日本微軟公司人事部，面試過數千人。另外譯有《只做會感動人心的事！（原書名：The Passion Test）》（FOREST出版）等書。

時下最關注「想擺脫」的情緒No.1 消除「好麻煩」念頭的 心

大家想擺脫的「麻煩事」可以這樣處理！

「必須吃對身體好的東西」
好麻煩！

就算吃了不該吃的東西也別否定自己

「對身體不好的東西都不能吃」，這種想法會形成壓力。沒有吃對身體好的東西也沒關係，請不要責怪自己。

「每天早上出門健走」
好麻煩！

起初只要做到穿鞋就好不要設定嚴格的目標

前一晚先備妥健走用的衣服或鞋子，隔天早上能夠進行到在玄關穿上鞋子即可。不必一開始就設定太高的目標。

「談戀愛」
好麻煩！

去能夠享受興趣的場合與他人互動

談戀愛是大目標。先去參加有興趣的活動，改變目標，積極接觸可以與人互動的場所。

「眼前的工作」
好麻煩！

前一天先做一些當成沒做完的工作

沒做完的事總是令人掛心，所以前一天先處理一些。當天為了完成剩下的工作，很快就會採取行動。

惱人、討厭的上司etc.

人際關係的「好麻煩」可以這樣消除！

勉強自己配合對方而萌生「好麻煩」的負面情緒。只要保持從容的心態，「好麻煩」就會消失無蹤！

合不來的上司
試著寫出對方的優點，或是對你做過的貼心舉動，以上司的觀點重新思考。改變對上司的看法，或許對方也會改變。

愛講八卦的同事
老是狂聊自己沒興趣的事，面對這樣的同事，以「理解」但「不認同」的態度回應。

作風強勢的前輩
來自前輩的沉重壓力令人喘不過氣。即使尊重對方也不必刻意誇張反應，保持自然即可。

意興闌珊的後進
激發幹勁的重點就是傾聽。向對方傳達這個工作為何重要，使其了解工作的意義，對方就會欣然接受、投入其中。

感到「好麻煩」的

揮別「好麻煩」的糾纏！

試試看這麼做
1 減少「非做不可的事」

「討厭」、「不想做」、「不拿手」的事就別做

你曾為了他人的價值觀去做某些非自願想做的事嗎？靜下心好好思考，「這件事我真的非做不可？」。一旦有了放棄的想法，真正想做的事也會變得明確。

試試看這麼做
2 不要覺得「非做不可」

試著想成「做做看也無妨」

改變想法，把「非做不可」想成「沒必要做」，然後舉出理由。接著再把「非做不可」想成「想要做」，同樣舉出理由。於是，「想要做」的念頭取代了原本消極的想法，自然不會覺得好麻煩。

試試看這麼做
3 就算覺得「非做不可」也不要想太多

「有效率地不做」、「失敗看看也沒關係」

「想要有效率地做」這種想法會使人在採取行動前，先收集各種資訊，導致思緒混亂。有時還會延誤行動。一開始不必抱著非得成功的念頭，放寬心去做，失敗也OK。

試試看這麼做
4 花點心思再展開行動

「從簡單的小事著手」、「慢慢擴大目標」

起初不要設定太大的目標，先從絕對辦得到的小目標開始。持續累積成功的小目標後，一股作氣邁向大目標，這時候已經不會覺得辛苦。

監修
心理療法師
川畑NOBUKO小姐

在美國從事口譯、指導員的工作時，接觸到心理療法，回到日本後，除了在醫療機關進行癌症患者及其家屬的心理療護，也有提供個人的心理諮詢。著有《捨棄「內心廢物」的生活方式》（三笠書房）等書。

WORK 1

擺脫焦慮的惱人情緒通通消失

心情爽快！
填寫式
自我診斷表

透過「捨不得丟的東西」檢視內心的狀態！

Q 讓你「一直捨不得丟」的東西是什麼？

不習慣丟東西的人，只要稍微改變想法，就能過得輕鬆愜意！
檢查一下捨不得丟的東西是哪些，學會如何成為「丟東西高手」。

請勾選各欄位中讓你捨不得丟的項目，合計最多的那一欄，對應的就是你的類型。
若重複出現勾選數目相同的欄位，兩種類型都要參考。

獎狀或獎杯	還能用卻沒在使用的家電	衣服	婚禮的贈品
照片或相簿	店家的購物袋或空盒	飾品	賀年卡
日記或手帳	樣品或化妝品	名牌包	信
童年時代的愛用品	書、雜誌	鞋子	別人送的伴手禮
布偶或洋娃娃	教材、參考書	美容器具或健康器具	親屬遺物
合計　　　　　個	合計　　　　　個	合計　　　　　個	合計　　　　　個

↓

這一欄的勾選項目較多

diagnostic result
診斷結果

留戀過去的類型

很少拿出來看卻捨不得丟的記念品，這類型的人「對於過往的自己有極高的評價，對現在的自己感到不滿或不安。充滿回憶的物品癥許是不滿意現況的象徵。」

↓

prescription
處方箋

唯有放下過去，才能面對現在的自己

「仔細檢視、挑選每一個過往的物品，自然會知道哪些是真正需要的東西、重要的東西」。排除對現況不滿或不安的象徵後，「你就能重新面對現在的自己，進而產生自信。」

這一欄的勾選項目較多

diagnostic result
診斷結果

對將來感到不安的類型

看到空盒或樣品，心想「之後或許會用到」而保留，不用的家電因為「還可以用，丟了可惜」而捨不得丟。這類型的人認為「丟東西可能會吃虧，對未來感到強烈的不安。」

↓

prescription
處方箋

身邊都是不必要的物品，實在很浪費！

置身於不用的東西＝破銅爛鐵的環境，「久而久之可能會有『我就是這種程度的人』的消極念頭。要是覺得不安，試著寫出『沒有這個會後悔』的東西有哪些，然後就會發現其實很少。」

這一欄的勾選項目較多

diagnostic result
診斷結果

不認為自己是經常買錯東西的類型

這類型的人每次看到「不便宜卻沒在用」的東西，心裡會產生罪惡感。「在店員的鼓吹下買了，結果不是真正想要的東西？或許是不想承認自己犯了這樣的錯。」

↓

prescription
處方箋

承認過往的失敗，今後以自己的觀點挑選

花錢買了卻沒在用的東西，看到就覺得內疚，這樣也會造成精神上的壓力。「就算再貴，沒在使用形同沒有價值。乾脆放手，下次選擇真正需要的東西。」

這一欄的勾選項目較多

diagnostic result
診斷結果

在意他人評價或眼光的類型

無法丟掉別人送的東西或賀年卡的人，通常很在意他人的眼光。「在乎的不是自己想怎麼做，而是別人怎麼看待自己。容易以周遭的評價決定自己的存在價值。」（川畑小姐）

↓

prescription
處方箋

接受對方的好意即可

收下禮物的同時，等於已經接受對方的心意。「想怎麼處理收到的東西，全由你決定。送禮的人也不希望東西被擱著不用」。親屬的遺物也是如此。

監修
精神科醫師
奧田弘美小姐

以精神科顧問醫師的身分協助在職人士，同時在銀座的皮膚診所負責心理療護與瘦身指導。近期著作《努力老半天就是瘦不下來，那是因為錯誤的用腦方式》（扶桑社）在日本相當暢銷。

WORK 2

揪出害你愈來愈胖的錯誤偏見！

每次吃東西，有多少就吃多少？

不習慣丟東西的人，只要稍微改變想法，就能過得輕鬆愜意！
檢查一下捨不得丟的東西是哪些，學會如何成為「丟東西高手」。

請勾選符合的項目，個別統計A～E的總數。

CHECK C

- ☐ 外出用餐，即使吃到不合口味的料理還是會吃完
- ☐ 從小被嚴格教育「食物不可以剩下來」
- ☐ 已經養成習慣，有多少就吃多少
- ☐ 為了不讓食材腐壞，總是強迫自己吃
- ☐ 認為料理沒有吃完對做菜的人很失禮

符合項目 ☐ 個

> 可能是有這樣的偏見！
> **這些都是大自然的恩惠，要全部吃光、不能浪費**

勾選了3個以上的話……

道德心強烈型

受到嚴格教育或個性認真的人，東西沒吃完會產生罪惡感。但，大部分外食料理的量對女性而言偏多，如果吃完容易攝取過多的熱量。

改變飲食習慣！

● 「飯量減半」等，請店家準備適當的量

不想看到食物沒吃完的人，外食的時候先表明自己能吃的量，請店家少裝一些或打包外帶。

● 做了太多菜時，別一次吃完，可以保存起來

獨居的人為了不讓食材剩下來，做菜時總會多做一些。不必勉強吃完，養成適當保存的習慣。

CHECK B

- ☐ 得知熱門的餐廳或甜點，就會找時間去吃
- ☐ 去旅行必吃當地的名產
- ☐ 如果吃套餐，一定吃到最後一道的甜點
- ☐ 嘴上說「肚子好撐」還是繼續吃
- ☐ 參加聚餐時，看到剩下來的料理，經常會說「那我來吃掉吧」

符合項目 ☐ 個

> 可能是有這樣的偏見！
> **難得有機會吃到這個甜點，現在不吃更待何時**

勾選了3個以上的話……

吃意堅決型

嗜吃美食的人或吃貨就是這個類型。難以抗拒視覺誘惑，心想「看起來好吃」、「這是很難吃到的東西」，即使已經飽了還是硬吃。

改變飲食習慣！

● 要吃甜點的話，碳水化合物的量要減半

主食和甜點都吃會攝取過多的醣分。想吃甜點的時候，飯或麵包的量要控制在平時的一半。

● 「重質不重量」，預防吃太多

試著用好一點的食材，仔細品嚐美味的食物，即使量不多也會感到滿足。

CHECK A

- ☐ 就算不餓，三餐還是照常吃
- ☐ 不管餓的程度，經常選擇營養均衡的定食
- ☐ 平常有吃營養補充品或喝美容飲的習慣
- ☐ 無論多晚回家，一定會吃晚餐
- ☐ 餐餐必吃碳水化合物，沒吃就會渾身不對勁

符合項目 ☐ 個

> 可能是有這樣的偏見！
> **3餐都要吃，否則對身體不好**

勾選了3個以上的話……

注重健康型

重視健康，通常多是有「為了身體好，必須在固定時間吃3餐」這種想法的人。不管餓不餓，一定要維持足夠的進食量，經常導致攝取過多的熱量。

改變飲食習慣！

● 加班到很晚的時候，採取「分食」

晚下班的時候，晚餐分2次吃。主食如飯糰等，在晚上7點前吃完，回到家後再吃蔬菜或魚補充營養。

● 不覺得餓的時候，不要吃飯或麵包

「雖然現在不餓，不吃的話要等好一段時間才能吃東西」的時候，別吃容易增加體脂肪的米飯或麵包等碳水化合物，只要配菜就好。

CHECK E

- ☐ 明明不餓，總是嘴饞想吃點心
- ☐ 辦公桌周圍經常備有可以邊工作邊吃的零食
- ☐ 1天至少去1次咖啡廳買飲料
- ☐ 每天下班後會買甜食犒賞自己
- ☐ 經常一次吃完1包零食

符合項目 ☐ 個

> 可能是有這樣的偏見！
> **心情煩躁的時候，吃些甜食可以緩和情緒**

勾選了3個以上的話……

藉吃解悶型

想藉著大吃大喝消除壓力。即使心情變好了，因為吃太多變得懶洋洋，或是體重增加而厭惡自己，結果反而造成壓力。

改變飲食習慣！

● 尋找吃之外的紓壓方法

想抑制食欲，利用吃以外的紓壓方法最有效。睡覺或按摩、聽音樂等，找出適合自己的方法。

● 桌邊周圍不要放零食

伸手可及的地方有零食，就會想要藉吃解悶。也不要買來囤放，真的想吃的時候再買。

CHECK D

- ☐ 與人在外用餐時，不會自己選餐廳
- ☐ 和朋友喝下午茶時，要是對方點了蛋糕，自己也會跟著點
- ☐ 收到別人送的伴手禮或禮物，一定會回禮
- ☐ 聽到店員推薦的甜點，總是忍不住照點
- ☐ 如果有人邀約聚餐，即使再忙還是無法拒絕

符合項目 ☐ 個

> 可能是有這樣的偏見！
> **大家都有吃甜點，我也得吃才行**

勾選了3個以上的話……

重視合群型

拒絕不了旁人的邀約，別人推薦的東西通通吞下肚。由於注重和諧，說不出「我現在很飽了」，只好勉強自己吃下多餘的食物或甜點……。

改變飲食習慣！

● 外食的時候，悄悄地調整食量

在外用餐時，比起義大利麵或披薩等碳水化合物，盡量選擇肉或魚為主的料理。別把麵包或飯吃完，吃到8分飽即可。

● 自己決定要吃的餐點或菜色

聚餐時主動點菜，以蔬菜、肉、魚為主。提議吃日式料理或火鍋也是不錯的方法。

從錢包解析你的用錢方式＆個性

現在的錢包是從什麼時候開始使用？

錢包會透露個性！？心理協調師織田隼人先生從錢包的類型
以獨到的見解分析擁有者的個性。快來進行以下的測試！

監修

心理心理協調師、
sion consulting CEO
織田隼人先生

發行講解男女心理的電子報《異性的心理行銷學》，訂閱人數超過3萬人。著有《女強人戀愛成功的方法》（PHP研究所）等書。

I Start!!

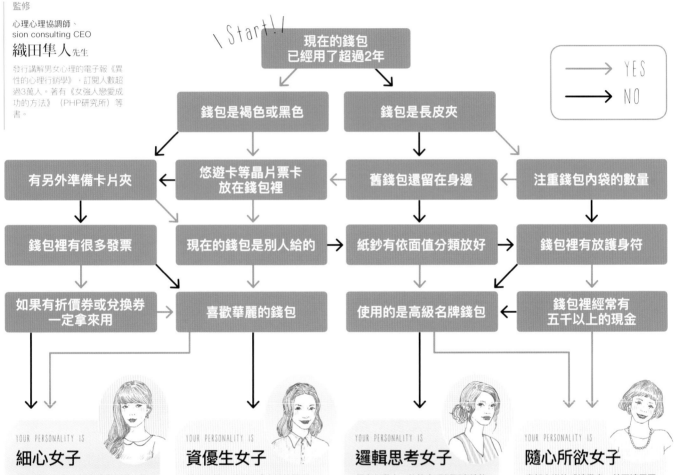

現在的錢包
已經用了超過2年

錢包是褐色或黑色

錢包是長皮夾

有另外準備卡片夾

悠遊卡等晶片票卡
放在錢包裡

舊錢包還留在身邊

注重錢包內袋的數量

錢包裡有很多發票

現在的錢包是別人給的

紙鈔有依面值分類放好

錢包裡有放護身符

如果有折價券或兌換券
一定拿來用

喜歡華麗的錢包

使用的是高級名牌錢包

錢包裡經常有
五千以上的現金

	YES
	NO

YOUR PERSONALITY IS

細心女子

懂得察言觀色，採取適當行動。擅長與人打交道，卻也因為表裡不一，有時會厭倦與人互動。對身邊的人來說是社交高手。

用錢方式 重視人際互動，交際費的支出略多。不太會拒絕朋友的邀約或別人推薦的商品，結果搞到花錢如流水，這點請留意。

工作 容易察覺他人的煩惱或新的發現。假如上司是很有包容力的人，就會聽取建議，進而提升工作方面的評價。不過，太常碎碎念會引發旁人的反感，請適可而止。

戀愛 不難找到對象，只是交往過程中覺累，最終還是分手的情況不在少數。試著向對方耍任性，可幫助戀情加溫。

YOUR PERSONALITY IS

資優生女子

精明能幹，受到周遭支持的類型。其實不太會撒嬌或請求協助。對身邊的人來說是體貼善良的人。

用錢方式 珍惜舊東西，很會保存物品，也有存錢的計畫。另一方面，因為捨不得丟東西，家裡可能堆滿雜物，或是一再購買相同的物品。

工作 做事能幹，容易受到各方請託。就連不是自己負責的工作也欣然接受，雖然當下覺得很累，等到工作範圍變廣，將成為大家心中不可或缺的存在。

戀愛 一旦交往就會持續很久，因此不太有機會認識新對象。假如和以前的舊識重逢，也許會意外發展出戀情。

YOUR PERSONALITY IS

邏輯思考女子

很有行動力，能夠合理判斷事情的類型。雖然喜歡新奇事物，對任何事都會再三考慮做出選擇。常是旁人眼中可靠的大姐。

用錢方式 因為不想吃虧，買東西前都會仔細調查後才買。但，有時調查過頭，反而會買下高價的東西，這點請留意。

工作 能夠做出合理的判斷，擅長比較事物，這類型的人通常很會製作資料。若是取得證照或往專業領域進修，工作上更具說服力，也能得到周圍更深厚的信任。

戀愛 凡事都很拼，對男性的要求也很高，反而有些不切實際。有愛挑剔的傾向。試著找出對方個性上的優點，戀愛的發展會比較順遂。

YOUR PERSONALITY IS

隨心所欲女子

喜怒哀樂的感情豐富，甚至讓周圍的人也變開朗的類型。雖然有時會我行我素，但還不至於惹人厭。

用錢方式 總是隨身攜帶現金或信用卡，所以容易亂花錢。一看到新奇的東西就想買，很難存錢。

工作 很懂得替人牽線，也擅長改善工作上的問題。在業務或交涉方面能夠發揮能力。不過，容易有獨占功勞的傾向。偶爾讓別人出出風頭，周遭的人也會願意跟隨你，工作起來更得心應手。

戀愛 經常一見鍾情，但也很快就感到膩。偏愛型男或陽光運動男。如果和個性穩重的男性或理性冷靜的男性交往，或許會很順利。

監修
職涯諮商師
中瀨路子 小姐

生活綜合情報網站All About的「證照」指導員。曾任職於幼兒教育機關、證照輔考中心、證照團體，現在除了協助民眾求職，也有提供醫療事務等相關證照的撰文與資訊。採訪過100位以上因為考取證照，擁有亮眼表現的女性。

WORK 4

找出適合你的證照 & 進修項目！

你能真心為他人的幸福感到開心嗎？

有興趣的證照或進修項目才能持之以恆，獲得的知識可活用在工作或職涯。
透過以下6項小檢測，確認自己的適性或興趣，找出適合的進修項目。

請從A～F中勾選符合的項目。合計數目最多的就是你的適性類型。
若重複出現合計數目相同的情況，請參考比較有興趣的建議。

check C

- ☐ 撰寫企劃、思考方案不覺得辛苦
- ☐ 喜歡讓人開心、快樂
- ☐ 提交文件時，總會加上自己的創意
- ☐ 不喜歡一直等待
- ☐ 有時會覺得「自己的感覺和周圍的人不同」
- ☐ 聽到別人說「你很有個性」會暗自歡喜
- ☐ 畫畫、寫作、攝影等，自認具有藝術品味

合計 ___ 個

C的符合項目較多……
「想活用個性或想法」型

構想力豐富，喜歡思考新點子或企劃。進修方面，能夠發揮企劃力或個人品味的項目最理想。設計或美容相關、製作物品的證照對工作經歷有加分效果。

這些都很適合！

進修	證照
・商品開發	・色彩檢定 ・美甲師
・美容相關	・美容師
・設計或編輯相關	・網站設計
・建築、室內裝潢相關 等	・室內整合士
	・建築師 等

check B

- ☐ 比起外勤，更喜歡文書處理之類的內勤工作
- ☐ 擅長製作書面資料或整理檔案
- ☐ 每天都有持續寫日記或部落格
- ☐ 不覺得記帳很麻煩
- ☐ 做事習慣遵守規則或規範
- ☐ 一定會遵守截止時間或約定時間
- ☐ 旅行或出差前會仔細準備、擬定計畫

合計 ___ 個

B的符合項目較多……
「想提升工作技能」型

持續進行單調工作也不以為意。如果是從事內勤或會計的工作，建議提升可直接應用於工作的技能。透過證照或進修讓工作更有效率，周圍的評價也會變好！

這些都很適合！

進修	證照
・電腦相關技能	・MOS（Microsoft Office專業認證）
・商務禮儀	
・理財或經濟相關 等	・會計檢定
	・財務規劃師
	・稅務師 等

check A

- ☐ 喜歡與周圍的人同心協力完成任務
- ☐ 想幫助他人，為社會貢獻
- ☐ 經常有人找你商量事情
- ☐ 擅長教導別人
- ☐ 比起自己說，更喜歡聽別人說
- ☐ 聽到別人說「謝謝你」會非常開心
- ☐ 聽到別人的好消息，自己也會覺得幸福

合計 ___ 個

A的符合項目較多……
「想幫助他人」型

接觸他人、幫助他人會感到很有成就感或喜悅。可試著提升傾聽他人說話的能力，或教導他人某件事的技能。若是想活用在工作上的話，不妨考考看教育或心理、有助銷售業務的證照。

這些都很適合！

進修	證照
・福祉、心理方面	・長照工作師（介護福祉士）
・銷售、接待客人方面	・職涯諮詢師
・教養等教育方面	・瑜珈教練
・心理諮商方面 等	・口譯
	・銷售員 等

check F

- ☐ 自認手很靈巧
- ☐ 做菜時最重要的是步驟
- ☐ 小時候養過小動物或金魚
- ☐ 崇拜被稱為「職人」的人
- ☐ 擅長操作機械或電腦
- ☐ 一旦開始創作就會全心投入忘了時間
- ☐ 不喜歡預定計劃有變動、打亂自己步調的情況

合計 ___ 個

F的符合項目較多……
「希望『一技在手』」型

擁有自己的堅持，想以自己的步調完成任務。因為擅長使用道具創作或執行任務，鎖定喜歡的領域，物色可磨練技能的證照與進修項目。

這些都很適合！

進修	證照
・IT、機械相關	・廚師 ・寵物美容師
・寵物相關	・食物搭配師
・環境方面	・基本資訊技術員
・料理、飲食方面 等	・電腦整備師
	・動物護理師 等

check E

- ☐ 小時候經常被選為班上的幹部
- ☐ 擅長照顧、指導後進
- ☐ 工作時總是掛記組織或團隊的目標
- ☐ 有競爭對手更能激發幹勁
- ☐ 對成立新事業感到有興趣
- ☐ 想成為對社會或他人有影響力的人
- ☐ 希望將來能夠獨立創業

合計 ___ 個

E的符合項目較多……
「想帶領他人或組織」型

擅長帶領團隊、協助同事或後進。與建立組織或培育人材相關的進修項目皆適合。取得中小企業管理顧問或社會保險勞務師等證照，將來獨立創業也是不錯的選擇。

這些都很適合！

進修	證照
・經營或建立組織	・中小企業管理顧問
・對人事、勞務有幫助的知識	・社會保險勞務師
・創業相關 等	・MBA ・代書（司法書士）
	・商務、職涯檢定測驗
	・大廈管理師 等

check D

- ☐ 不知道的事情非得查清楚
- ☐ 自認很有毅力
- ☐ 不討厭單調的工作
- ☐ 擅長有條理地思考事情
- ☐ 喜歡慢慢努力累積成果
- ☐ 從小對數學或理科等科目很拿手
- ☐ 重視獨立思考、整理思緒的時間

合計 ___ 個

D的符合項目較多……
「想提升專業度」型

擅長仔細分析、深入思考。運用資料導出結論、培養專業技能的實踐性進修項目相當適合。取得有助於工作的理科證照，對提升工作經歷也是一大助力。

這些都很適合！

進修	證照
・市場行銷相關	・氣象預報員
・藥學、醫療相關	・測量師
・調查、測量相關 等	・藥劑師
	・登錄銷售員
	・網站分析師 等

監修
漫畫家
瀧波YUKARI小姐

1980年出生於北海道。2004年以《臨死！！江古田小姐》獲得漫畫月刊《Afternoon》四季獎大獎，出道成為漫畫家。2014年2月出版《女生都是笑著互毆暗鬥女子的實態》（大山紙子合著／筑摩書房）。

WORK 5

小心踩到
對方的地雷

你的暗鬥指數有多少！

Q 遇到對方已讀不回，你也會那麼做嗎？

不經意的一句話或態度點燃戰火，表面故作和諧的「暗鬥女子」急速增加中！
快來檢測看看，你是否也在不知不覺中與他人暗鬥，令自己勞心傷神。

請勾選符合的項目，最後統計總數。

MOUNTING CHECK 15
□ 「恭喜你」這句話很難坦率說出口

MOUNTING CHECK 16
□ 別人也沒開口卻逕自提出服裝或妝容的建議

MOUNTING CHECK 17
□ 聚會結束後，經常反省自己「何必多說那句」

MOUNTING CHECK 18
□ 送完禮後會一再確認，像是問對方用了沒。

MOUNTING CHECK 19
□ 過度強調「我正在工作」、「我很忙」

MOUNTING CHECK 20
□ 非常在意別人的頭銜

合計　　　　個

MOUNTING CHECK 08
□ 旅行過程中會思考要上傳什麼到社群網站

MOUNTING CHECK 09
□ 擅自為周遭的人設定形象，例如「○○是～類型的人」等

MOUNTING CHECK 10
□ 在意朋友的私生活，很愛打破砂鍋問到底

MOUNTING CHECK 11
□ 把自己享受的好處說成壞處，自認這是時下的處世之道

MOUNTING CHECK 12
□ 聽到別人搬家會問對方搬到哪裡、房租多少

MOUNTING CHECK 13
□ 在意朋友男友的長相或年收入、公司

MOUNTING CHECK 14
□ 買衣服時，比起自己的喜好，更重視別人的看法

MOUNTING CHECK 01
□ 參加女生聚會前總是精心打扮

MOUNTING CHECK 02
□ 不服輸，對抗意識強烈

MOUNTING CHECK 03
□ 聽到別人說「多虧有你」就會非常開心

MOUNTING CHECK 04
□ 總會以得失來評估自己在合照或聚餐時的位置

MOUNTING CHECK 05
□ 十分在意組織內的上下關係

MOUNTING CHECK 06
□ 對話中時不時就說「那倒未必（不見得）」、「以好的方面來說」

MOUNTING CHECK 07
□ 如果對方已讀不回，我也會那麼做

＼ 你的暗鬥指數是多少等級呢？／

16～20個	9～15個	3～8個	0～2個
百分之百！暗鬥王	**專業等級的暗鬥高手**	**業餘等級的暗鬥菜鳥**	**暗鬥指數0！簡直是「聖人」**
能言善道，很會『抬高身價，貶低他人』。自尊心極高，有時是為了掩飾內心的自卑。對自己要有自信，適時地讚美自己。	即使沒有惡意卻老在暗鬥。因為是不知不覺出現的反應，必須提醒自己別那麼做。	往往回過神才發現受到對方挑撥。交談過程中如果變得情緒激動，請先告訴自己「冷靜點」。	沒有心機，與人談話時，總是帶著尊重對方的態度，令人感到舒服。就算被暗鬥也渾然不知，容易成為暗鬥目標。

[各項目的暗鬥解說] 1.那是出自不想輸給其他人的對抗意識。 2.凡事注重輸贏。 3.希望影響別人。 4.不想吃虧。 5.習慣將事物排名。 6.想藉著語尾扭轉形勢。 7.認為等待的一方是輸家。 8.想讓大家覺得自己的生活豐富精彩。 9.想掌握主導權，成為主角。 10.透過發表意見讓自己居於上風。 11.故意講反話吹捧自己。 12.想評估對方的等級。 13.喜歡問東西的人，通常喜歡給別人打分數。 14.「不知道別人怎麼看我」，以他人的觀點思考事情。 15.無法接受別人的幸福。 16.想藉由提供意見提升自己的存在。 17.經常被現場的氣氛影響而加入暗鬥。 18.送人禮物是佔有欲的表現。 19.想讓別人覺得自己過得很充實。 20.權勢優先的階級思想。

監修
心理療法家
川畑NOBUKO小姐
→ p.70

WORK 6

令你感到「愉快＆不悅」的對象清單

Q 見完面後，讓你覺得「好累……」的人是誰？

內心莫名的煩悶、焦躁，這樣的感受多是因「人」而起。
把讓你覺得有壓力的人寫下來。解放潛意識，人際關係就會變輕鬆。
分別在「愉快的人」、「不悅的人」的欄位寫出你想到的名字。

UNPLEASANT PERSON
不悅的人

討厭與對方見面
在一起很不自在
必須配合對方，無法暢所欲言
見過面（聊過天），身心俱疲

Who? 你想到了誰？

01.
02.
03.
04.

對方是「耗損能量的存在」
盡量減少接觸這樣的人

既然知道和不悅的人在一起會耗損能量，那就儘量減少碰面的時間
或次數。這麼一來，自然能夠保持適度的距離感。

AGREEABLE PERSON
愉快的人

喜歡與對方見面
在一起很自在
想說什麼就說，可以說出真心話
見過面（聊過天），充滿活力

Who? 你想到了誰？

01.
02.
03.
04.

對方是讓你「獲得能量的存在」
多與這樣的人見面、對話

就算是不常見面的人，如果覺得「這個人能為我帶來能量」，應該
設法多和對方見面。希望獲得正能量時，請主動與對方連絡。

保持適度的距離感——減壓舒心的第一步

令我們感到焦躁、煩悶的最大要因，就是人際關係。若想減輕人際關係造成的壓力，如同重新檢視身邊的事物，仔細評估自己真正需要的關係是相當重要的。

隨著年齡增長，認識的人也會增加。假如沒有釐清哪些關係需要維持、哪些不需要，你就會得為了不悅的人或環境勞心傷神、耗費時間，日後將累積成龐大的壓力。

對此，心理療法家川畑NOBUKO小姐提供的方法是，「愉快＆不悅」的對象清單。試著想一想，工作上有往來的人或私交的朋友屬於哪一類。這麼一來，你就不會被對方影響，能夠保持適當的距離，自然減輕人際關係造成的壓力。

整頓心態

在世界盃橄欖球賽表現出色的日本代表隊，出賽前卻是由一群毫無自信的選手倉促組成的『雜牌軍』。本書採訪了當時改變選手的心態，協助他們取得勝利的心理教練，請她分享「心靈整理術」。

贏得歷史性勝利的關鍵
心靈整理術完整公開！

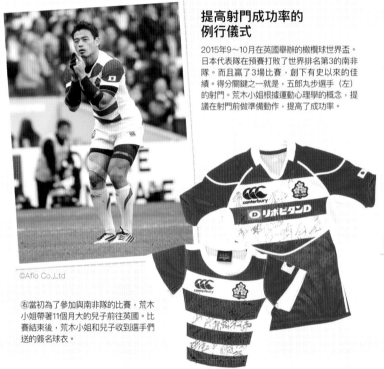

提高射門成功率的
例行儀式

2015年9～10月在英國舉辦的橄欖球世界盃。日本代表隊在預賽打敗了世界排名第3的南非隊。而且贏了3場比賽，創下有史以來的佳績。得分關鍵之一就是，五郎丸步選手（左）的射門。荒木小姐根據運動心理學的概念，提議在射門前做準備動作，提高了成功率。

©Aflo Co.,Ltd

⑥當初為了參加與南非隊的比賽，荒木小姐帶著11個月大的兒子前往英國。比賽結束後，荒木小姐和兒子收到選手們送的簽名球衣。

前橄欖球日本代表隊心理教練
荒木香織小姐（42歲）

園田學園女子大學人類健康系教授。大學畢業後赴美進修，在北卡羅來納大學取得運動體育科學博士與女性學的學位。在美國、新加坡、日本從事心理訓練的指導。

想要擁有自信
改變行動很重要

「想要改變每天的行動，就要改變沒自信的自己，就要改變現在的狀態。想像理想的自己是怎樣的，思考該怎麼做才能達到那個狀態，採取實際行動。不斷地重覆，自然就會產生自信」

這段話出自前橄欖球日本代表隊的心理教練荒木香織小姐。

真沒自信——四年前艾迪‧瓊斯（Eddie Jones）接下日本代表隊教練時，當時的選手們就是這付模樣。

參加世界盃只得過一次勝利。「沒有一位選手有自信四年後的比賽能夠贏。招募選手的過程中，甚至有選手表示『反正贏不了』而斷然拒絕」。

荒木小姐最初的想法是，讓外界眼中的「雜牌軍」對己感到驕傲。她仔細觀察選手、思考方法，後來想到讓選手在比賽前唱日本國歌《君之代》。「強敵隊的選手在比賽前都會抬頭挺胸大聲地唱他們的國歌。但，日本隊的選手因為外籍選手多，總是低著頭小聲唱。這樣當然會贏不了」。

於是，她把主力選手聚在一起，開始學唱《君之代》。用日文與羅馬拼音寫歌詞，說明歌詞的涵義，還讓他們練習大聲地唱出來。

「第二年的國際比賽，不因為我們已經累積了四年的努

力，光是選手，外籍教練也一起搭著肩唱著《君之代》，選手們都有感受到那股團結的力量。在那一瞬間，他們對自己感到驕傲」。

同時，為了讓選手用積極正面的心態看待事物，在說話方式也做了訓練。

隊友失敗時，不要責怪對方，而是說「希望你下次能做成功時，告訴對方『剛剛你做成功時，告訴對方『剛剛你表現得很好』」。像這樣予以肯定。「養成習慣後，即使遭遇阻礙，選手也不會去想『我做不到』，而是會主動思考『我該怎麼做才好』，採取實際的行動」。

另外，荒木小姐很重視選手的生活習慣。脫下來的鞋子要擺好、喝過的寶特瓶要收好、置物櫃要整理……。「橄欖球比賽有件事很重要，就算場面激烈混亂也要遵守規則。假如日常生活都做不可以有造成失分的失誤或犯規。假如日常生活都做不到，比賽的時候當然不可能做到。

遵守規則、減少失誤，自然帶來好結果——。參加世界盃的前一年，日本隊在國際比賽連連獲勝。儘管外界都說日本隊在世界盃贏了南非隊是奇蹟的勝利，「我有自信會贏。不因為我們已經累積了四年的努

日本知名
橄欖球選手也
實行過的心智訓練

透過規律的生活習慣

(荒木小姐的指導！「沒自信的我」從此改頭換面)

Point 1
改變行動

每天早上站在鏡子前對自己說「要有自信！」，這做做其實毫無效果。想要改變心態就得改變行動。好比日本橄欖球隊的選手們在大眾面前唱《君之代》，試著改變平時的表情或姿勢、聲音的大小。「有自信的舉動」必定使你產生自信。

Point 2
改變說話方式

「我做不到」、「反正我就是沒辦法」……說出這樣的喪氣話，當然不會產生自信。「我很煩惱」→「我在仔細思考」、「也許做不到」→「一定辦得到」、「試試看再說吧」……像這樣換成積極正面的說法。相信自己說的話，實行該做的事，應該就會產生自信。

Point 3
整理身邊的物品

為了能在重要場合保持冷靜、發揮實力，平時養成整理身邊物品的習慣很重要。東西整理好，心態也比較容易調適。在職女性請提醒自己經常整理工作上需要的文件或電腦的檔案、包包的內容物等，工作起來會更順利。這麼做也能預防工作的失誤、締造成果，進而對自己產生自信。

Point 4
專注於
「自己現在做得到的事」

運動也和日常生活一樣，不可能盡如己意。既然如此，把時間用在現在做得到的事，好好專心投入。假如擔心簡報的表現不佳，現在能做的改善應該不少，像是用字遣詞、合乎邏輯的說明、資料的完成度等。反覆練習或準備，總有一天一定能充滿自信地告訴自己「辦到了」、「沒問題」。

讀者煩惱諮詢室

Q 已經40好幾卻還單身又是派遣員工，對將來感到不安。

A 想清楚「現在能做的事是什麼」，接著展開行動。

其實單身或派遣員工這些都沒什麼，如果感到不安，請去做對理想的將來有幫助的事。什麼都不做，無法成為正式員工也結不了婚。首先，好好重視眼前的工作或認識的人。充實度過現在的生活，一定能獲得理想的未來。

Q 每次出錯，我就會忍不住責怪自己。

A 把失誤當成課題，冷靜分析原因。

別太在意失敗的事實，分析失誤的原因，為下次的成功做好準備。假如是資料的失誤，可能的原因很多，像是技能不足、太忙而疏於確認等。不要執著於「失敗了」這件事，想成是「解決課題的機會」，自然會有所進步。

Q 工作時總是心浮氣躁，我討厭這麼沉不住氣的自己。

A 保有轉換心情的方法。

最好的方法是暫時離開座位。就算只是去洗手間或茶水間也沒關係。而且，事先想好「覺得煩的時候就去洗手間」，每次都採取相同的行動很有效。一再重複，大腦就會記住那個行為，讓你快速地轉換心情。

想要擺脫焦躁、心煩的感覺時	想要放鬆的時候
● 離開座位（最好到外面） ● 喝咖啡	● 看看寵物或家人的照片 ● 聞聞香氛

(重複相同的行動
馬上就能轉換心情)

力」，回顧過往，荒木小姐這麼說道。

然而，有些選手仍然感到不安，這時荒木小姐的建議是「專注於現在做得到的事」。

「不安是因為想到將來。告訴自己專注於當下，做好現在做得到的事」。

好比五郎丸步選手射門前的「結印手勢」，也是為了幫助他「專注於當下」。「對手、比賽的經過、草皮的狀態……這些都是自己改變不了的

事。可是，想做什麼動作全由自己決定。專注於做動作這件事，消除內心的不安或擔憂就能提高成功率」。

在職女性若想變得有自信，請試著專注於「現在做得到的事」。同時，慢慢改變自己的行動。也許不久的將來，你會變得像參加世界盃的日本隊選手那樣，全身散發自信光采。

操 & 飲食方式

做做伸展操，立即解決肩頸痠痛與便祕！只要做過1次就會感受到效果。
另外，怎麼睡都睡不飽的人，請試一試「一覺熟睡到天亮的飲食方式」！

請教了這兩位專家

醫學教練員
岩井隆彰先生
城山整骨院院長，同時也是知名的職業運動選手的醫學教練員。著有《放鬆背部的伸展操》（青春出版社）等書籍。

管理營養師
森　由香子小姐
擔任住院及門診患者的營養指導。著有《容易累的人到底是少吃了什麼》（青春出版社）等多本書籍。

伸展操2
改善腰痛的 背骨周圍伸展操

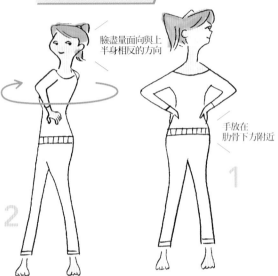

臉盡量面向與上半身相反的方向

手放在肋骨下方附近

2

1

扭轉上半身，使左肩轉至正面。臉盡量面向與扭轉方向相反的左邊。一邊做5次，接著臉朝右、上半身往相反方向扭轉，同樣做5次。

雙腳打開與肩同寬。雙手放在腹側（肋骨下方附近），拇指在前，4指在後。挺胸、臉朝左。

有效消除肩頸痠痛與腰痛
「放鬆背部」

1天3分鐘！轉體加上伸展操舒展背部肌肉，消除肩頸痠痛、腰痛。每個部位的動作都很簡單，馬上就能學會！

背部大肌群的伸展操 有效消除肩頸痠痛或倦怠感

進行文書處理或滑手機時，身體長時間保持前傾的姿勢，背部肌肉會變得僵硬。醫學教練員岩井隆彰先生說，「背部肌肉愈硬，對容易活動的頸部或腰部周圍的肌肉會造成負擔。這正是頸、肩、腰感到疼痛的原因」。透過「放鬆背部的伸展操」舒展背部肌肉，減輕頸部或腰部的負擔，緩解頸部或肩膀的痠痛、腰部的疼痛。而且，背部的血液與淋巴的循環也會變好，有效消除全身的倦怠感或水腫。

- 背部肌肉放鬆後，頸、肩、腰的疼痛、頭痛與眼睛疲勞獲得舒緩
- 全身的血液和淋巴的循環變好 有效改善疲勞或畏寒

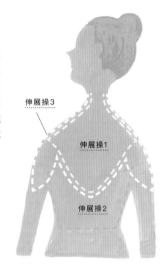

伸展操3
伸展操1
伸展操2

伸展操3
有效消除肩痛 肩胛骨伸展操

臉面向與上半身相反的方向，效果更好

手掌朝向正面，手指張開

做的時候，想著是在伸展肩胛骨

2

1

臉朝正面，扭轉上半身，邊伸展肩胛骨，邊將左肩轉至前方。一邊做5次，接著換右手臂，同樣也是做5次。

雙腳打開與肩同寬。左手臂在胸前伸直，右手撐住左手肘。左手的手指張開，手掌朝向正面。

伸展操1
有效消除肩頸痠痛 扭轉上背部的伸展操

臉盡量面向與上半身扭轉方向相反

臉朝左

手肘與肩同高

2

1

上半身往右扭轉，使左肩轉至正面。臉盡量面向與上半身扭轉方向相反的左邊。一邊做5次，接著臉朝右、上半身往左扭轉，同樣做5次。

雙腳打開與肩同寬，挺胸、手臂朝外側張開，手指放在肩上，臉面向左側。

有效消除身心疲勞的 伸展

②

晚上如果吃太多，

吃太多的人請注意！

以「分食」獲得舒適熟睡

明明有睡卻還是好累，這很有可能是缺乏優質的睡眠。
只要留意「進食時間」，就能舒服熟睡到天亮。

1杯牛奶也OK！吃早餐調整體內節奏

吃了早餐，腸胃就會開始蠕動，體溫跟著上升。然後，身體變得清醒、有精神。日夜節律被調整，自然能進入熟睡狀態。請養成起床後2小時內吃早餐的習慣。

主食、主菜、副菜皆攝取最為理想

肉或魚、蛋、牛奶、納豆、米飯等含有『促進熟睡』的營養成分色胺酸。盡可能均衡攝取主食（米飯）與配菜。

沒有吃早餐習慣的人

牛奶　　　優格

雞蛋三明治或鮪魚三明治

如果沒有吃早餐的習慣，只喝1杯牛奶也可以。吃三明治的話，蛋或鮪魚對促進「夜晚熟睡」很有效。

習慣「睡前2小時吃東西」的人嘗試將晚餐分2次吃的「分食」

想要舒適熟睡，「晚餐最好在睡前3小時吃完」。要睡之前才吃東西，睡覺時腸胃仍在蠕動，身體無法休息。因為加班只好「睡前吃晚餐」的話，建議採取晚餐分2次吃的「分食」。回到家後，攝取低熱量的食物也可防止體重增加。

在公司吃飯糰

加班的時候吃飯糰，鮭魚或鮪魚口味比較好。這樣能夠攝取將醣類轉換成能量的維生素B群。

臨時加班沒吃晚餐的時候喝1杯牛奶，儘快入睡

「沒吃晚餐又晚歸」的時候，沒必要勉強進食。要是有點餓，喝完1杯熱牛奶，早點上床睡覺。

回家後的配菜

好消化的豆腐、雞胸肉、溫蔬菜、濃湯等蛋白質與蔬菜。因為是睡前吃，請控制在7分飽的程度。

睡前請吃好消化的食物

喝酒前與喝酒後喝綠茶防止宿醉

綠茶的成分有分解酒精的作用。藉由利尿效果，排出造成宿醉的乙醛。還有抑制吸收酒精的效果。喝酒前後養成喝綠茶的習慣。

睡前飲酒是導致無法熟睡的原因

在體內殘留酒精的狀態下入睡，就算睡著了也是淺眠。因此，睡前最好別喝酒。參加聚餐時，「酒→水→酒」像這樣補充水分，幫助排出體內的酒精。

---

③ 「稍微吃力的運動」 消除體內阻塞

進行稍微吃力的運動刺激腸道，腸道恢復通暢就能解決便祕問題！
「骨盆歪斜容易造成便祕」（岩井先生）。利用臀部伸展操調整骨盆的位置。

伸展操2
透過抬腿運動刺激腸道
30分鐘～半天輕鬆排便

大概是肚臍上方一個拳頭的位置

原地踏步，把膝蓋抬高至手的位置。左右腳各做1次為1回，共做20回。這個動作能刺激腸道，反應敏感的人大概30分鐘～1小時就會產生便意。

雙腳打開，比肩寬略窄。手肘朝下，舉至胸部的高度。

伸展操1
調整歪斜骨盆的臀部伸展操

臉盡量轉向右側

雙手將膝蓋抬舉至胸部的位置，膝朝右、上半身跟著扭轉，保持這樣的姿勢1分鐘。接著換另一隻腳，進行相同的動作。

臀部貼地，不要抬起

保持1分鐘

盡可能讓左腳跟貼近臀部

背部挺直，左腳彎曲貼地。右腳屈膝立起，放在左膝的外側。雙手環抱右腳。

一起來 好 015

打造富足的簡單生活：

【最高整理法】從包包、衣櫥到辦公桌，
「打理生活」是人生最有效的投資
お金が貯まる！スッキリが く！片づけ & 捨て方

作　　者　日経 WOMAN
譯　　者　連雪雅
編　　輯　林子揚
封面設計　萬勝安
內頁排版　the midclick

總 編 輯　陳旭華
電　　郵　steve@bookrep.com.tw
社　　長　郭重興
發行人兼
出版總監　曾大福

出版單位　一起來出版／遠足文化事業股份有限公司
發　　行　遠足文化事業股份有限公司
　　　　　www.bookrep.com.tw
　　　　　23141 新北市新店區民權路 108-2 號 9 樓
　　　　　電話：02-22181417　　傳真：02-86671851
印　　刷　凱林彩印股份有限公司

法律顧問　華洋法律事務所　　蘇文生律師
初版一刷　2017 年 10 月
二版一刷　2019 年 06 月
定　　價　450 元

OKANE GA TAMARU! SUKKIRI GA TSUZUKU! KATAZUKE
SUTEKATA edited by Nikkei Woman.
Copyright ©2016 by Nikkei Business Publications, Inc.
All rights reserved.
Originally published in Japan by Nikkei Business Publications, Inc.
Traditional Chinese translation rights arranged with Nikkei
Business Publications, Inc. through CREEK & RIVER Co., Ltd.

國家圖書館出版品預行編目 (CIP) 資料

打造富足的簡單生活：【最高整理法】從包包、衣櫃，到辦公
桌，「打理生活」是人生最有效的投資（二版）/ Nikkei Woman
著；連雪雅譯 . -- 二版 . -- 新北市：一起來，遠足文化出版：遠足
文化發行，2019.06
　面；　公分 . -- (一起來 . 好；15)
譯自：お金が貯まる！スッキリが く！片づけ & 捨て方
ISBN 978-986-97567-1-6(平裝)

1. 家庭佈置

422.5　　　　　　　　　　　　　　　　　　108007341

插畫 / 須山奈津希